Photoshop

日系少女写真后期解密

孙学檬 ◎ 编著

人民邮电出版社
北京

图书在版编目（ＣＩＰ）数据

Photoshop日系少女写真后期解密 / 孙学檬编著. --
北京 ： 人民邮电出版社，2022.8（2022.12重印）
ISBN 978-7-115-58129-7

Ⅰ．①P… Ⅱ．①孙… Ⅲ．①图像处理软件 Ⅳ.
①TP391.413

中国版本图书馆CIP数据核字(2021)第249652号

内 容 提 要

这是一本讲解日系少女写真后期技法的专业教程。以通俗易懂的语言讲解了日系人像精修的重点知识，再配合详细的图文注释和综合实战，让读者能够快速地掌握创作方法。全书共 9 章，第 1 章和第 2 章为日系人像修图的基础部分，主要讲解 Photoshop 的基本应用及对图片进行初步调整的方法；第 3～5 章为日系人像修图的精修部分，主要讲解磨皮、液化和调色等操作方法和技巧；第 6 章是对日系风格代表摄影师作品的介绍；第 7 章和第 8 章为日系人像修图的综合实战部分，通过 4 个专题来讲解从原片到成片的修图流程；第 9 章为拓展部分，讲解个人写真集的制作方法，包括印刷和排版等基础知识。

本书适合摄影初学者及广大摄影后期爱好者阅读，也可作为摄影专业学生的参考书。

◆ 编　　著　孙学檬
　　责任编辑　王振华
　　责任印制　马振武

◆ 人民邮电出版社出版发行　　北京市丰台区成寿寺路 11 号
　　邮编　100164　电子邮件　315@ptpress.com.cn
　　网址　http://www.ptpress.com.cn
　　北京宝隆世纪印刷有限公司印刷

◆ 开本：787×1092　1/16
　　印张：14.75　　　　　　　2022 年 8 月第 1 版
　　字数：440 千字　　　　　2022 年 12 月北京第 2 次印刷

定价：129.80 元

读者服务热线：(010)81055410　印装质量热线：(010)81055316
反盗版热线：(010)81055315
广告经营许可证：京东市监广登字 20170147 号

回忆起我与Photoshop最初的缘分还是在一家小打印室里。看着工作人员在计算机前调整刚刚拍摄完成的证件照，站在后面的我早已经被他"神奇"的操作所吸引，那是我第一次见到Photoshop。

Photoshop诞生于20世纪80年代，如今已人尽皆知，人们对它的功能赞不绝口，"图像处理"已经成为它的代名词，不少人想抱着试一试的心态学习这个功能强大的软件。随着网络的发展和修图知识的普及，人们可以通过各种途径看到有关Photoshop的修图教程，这让很多人不知道如何选择一本适合自己的修图教程。而本书相较于其他同类图书来说或许有所不同。

我是一个热爱Photoshop的"90后"摄影师，对日系文化有着非同一般的热爱。每次在讲解后期前我都会先提摄影，我一直认为后期是为前期服务的。如果让我对摄影进行分类，那么我会将其分成两大类，即亚洲摄影和欧美摄影。这句话并不严谨，是我站在后期的角度上讲的，而本书主要讲解以日系风格摄影为代表的日系人像后期。

既然选择了这本书，我想你跟我一样，也一定是被日系的某些元素所吸引吧，或许是因为图中那些可爱的少女、精美的服饰，又或许是因为那干净的画面、清新的色调。总之，本书不只是一本讲解Photoshop操作的书，还是一本能帮助你创作出好作品的书。从现在开始，你即将学到如何通过Photoshop修出一张具有日系风格的照片。

我是一个不擅文笔的人，也不想把知识叙述得那么枯燥，所以哪怕是一些"硬核"的知识点，也会以通俗易懂的方式进行讲解，或许这样会让这本书多一些分享的成分。编写本书除了想要分享一些实用的技巧，还希望以书中的图片作为媒介介绍一些日系文化。其中采集了不少日系元素，主要使用了当下流行的JK（女高中生）制服作为演示的素材，相信一定会让大家眼前一亮。为了契合日系少女这个主题，我曾到不同环境下取景，并根据不同少女的气质、服装和天气气候等差异进行内容策划，力求让学习者了解更多不同风格的修图思路，最终筛选了具有代表性的4个专题来介绍日系人像精修的知识。

感谢我的女朋友胥璐及家人们的支持。

感谢熊田雪子、张靖、金真美（韩国）、浅浅、文珍、林静、张盛之、小只、子墨、金潼、张美娜、王雨晴、雪爷、海蒂、佩璇、思思、卷毛、陈珊、陈铭、闹闹、杨钰祺、张继元、优琦等所有在这本书中出现的模特们。

感谢学檬摄影和后期班的学生们。

感谢Shiki、黄韫宏等人的后勤保障服务。

感谢南京栗子映像胶片社对胶片的冲扫服务。

感谢来自所有平台的粉丝们的支持。

特别感谢人民邮电出版社数字艺术分社。

（图中签名来自日本摄影师：滨田英明）

孙学檬

资源与支持

本书由"数艺设"出品，"数艺设"社区平台（www.shuyishe.com）为您提供后续服务。

配套资源

素材文件（修图需要用的文件，为RAW/JPEG格式）

源文件（修图的最终文件，为PSD格式）

教学视频（演示4个修图专题的具体操作过程）

资源获取请扫码

"数艺设"社区平台，为艺术设计从业者提供专业的教育产品。

与我们联系

我们的联系邮箱是szys@ptpress.com.cn。如果您对本书有任何疑问或建议，请您发邮件给我们，并请在邮件标题中注明本书书名及ISBN，以便我们更高效地做出反馈。

如果您有兴趣出版图书、录制教学课程，或者参与技术审校等工作，可以发邮件给我们；有意出版图书的作者也可以到"数艺设"社区平台在线投稿（直接访问www.shuyishe.com即可）。如果学校、培训机构或企业想批量购买本书或"数艺设"出版的其他图书，也可以发邮件联系我们。

如果您在网上发现针对"数艺设"出品图书的各种形式的盗版行为，包括对图书全部或部分内容的非授权传播，请您将怀疑有侵权行为的链接通过邮件发送给我们。您的这一举动是对作者权益的保护，也是我们持续为您提供有价值的内容的动力之源。

关于"数艺设"

人民邮电出版社有限公司旗下品牌"数艺设"，专注于专业艺术设计类图书出版，为艺术设计从业者提供专业的图书、视频电子书、课程等教育产品。出版领域涉及平面、三维、影视、摄影与后期等数字艺术门类，字体设计、品牌设计、色彩设计等设计理论与应用门类，UI设计、电商设计、新媒体设计、游戏设计、交互设计、原型设计等互联网设计门类，环艺设计手绘、插画设计手绘、工业设计手绘等设计手绘门类。更多服务请访问"数艺设"社区平台www.shuyishe.com。我们将提供及时、准确、专业的学习服务。

第7章 后期综合实战之气候变化...149

第8章 后期综合实战之风格塑造...185

第9章 制作一本日系写真集...215

第 1 章

Photoshop 基本功

- Photoshop 工作界面
- 常见工具的用法
- 影调的查看和调整
- 蒙版的原理

在正式学习日系写真人像修图之前，我们要先掌握 Photoshop 的基本工具，尤其是在人像处理中使用频率较高的一些工具。掌握这些基础知识可以让我们少走很多弯路，为更深入地学习日系写真人像修图做好铺垫。此外，还有很多 Photoshop 的工具没有讲解，这是因为在本书中会用更合适的工具和方法替代这些工具，所以对有些工具可以暂且不用了解。除了本章所讲的内容外，在对应的章节中还会有针对性地讲解一些工具，以便对人像进行特殊处理。

1.1 进入 Photoshop

初学修图时，可能对Photoshop一无所知，我们需要先熟悉Photoshop中的各个工作区域，并学会导入和存储图片。

1.1.1 工作区域

Photoshop的工作界面主要由菜单栏、选项栏、标题栏、工具箱、控制面板和文档窗口等区域组成，各个区域间既独立，又相互联系。对于刚入门的初学者来说，只需要了解这些区域的作用，知道操作所需的工具在哪个位置就可以了。

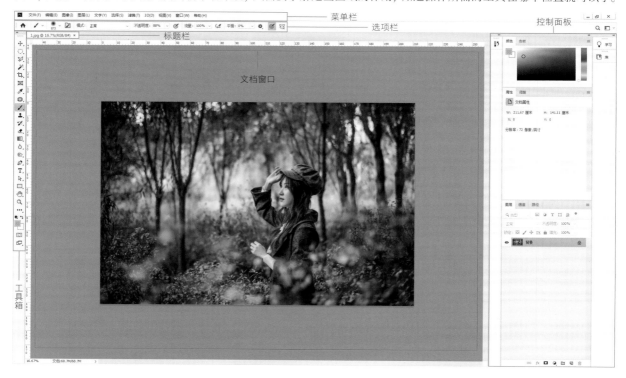

重要参数介绍

- **菜单栏：** 用来执行各种命令。
- **选项栏：** 用来设置所选工具的基本属性。
- **标题栏：** 显示文档的名称、文件格式、窗口缩放比例和颜色模式等信息。
- **工具箱：** 存放用于选择和编辑图像的工具。
- **控制面板：** 监视和修改图像。
- **文档窗口：** 显示和编辑图像的区域。

提示 读者要尽快熟悉这些区域，并提前预览命令。此外，常用功能都设置了快捷键，在实际操作过程中建议通过快捷键进行操作。

1.1.2 摄影模式

Photoshop有很多适用于不同工作模式的工作区，其中适合修图的是"摄影"模式。执行"窗口>工作区>摄影"菜单命令，打开如下图所示的工作界面，位于右侧的控制面板布局即为修图操作时需要使用的布局。

1.1.3　图片格式

不同格式的图片有不同的用途。例如，图片发布在网络上和用于印刷是两种不同的应用情景，相比较而言，用于印刷的图片要求会更高，对图片也有一定的规范要求，尤其是对图片的格式有着严格的要求。右图是Photoshop支持保存的图片格式，通常在保存的时候进行设置，具体选择哪一种格式需要根据实际情况而定。下面介绍一些在人像后期处理中常见且实用的图片格式。

提示　执行"文件>存储"菜单命令（快捷键为Ctrl＋S）即可保存当前正在处理的文件。如果是第一次保存图片，会弹出"另存为"对话框，在这里可以选择文件存储的路径、文件存储格式及文件名称。如果文件已保存过，则不会弹出任何对话框，会以原始位置进行存储，并覆盖更改前的文件。如果之前存储过，想要更换图片的存储位置、名称或格式，那么可以执行"文件>存储为"菜单命令（快捷键为Shift+Ctrl+S）将当前正在处理的文件另存为一个新文件。

📷 JPEG 格式

JPEG格式是图片的常见格式，如右图所示。JPEG格式属于一种压缩格式，能够将图片的所有信息进行有效压缩，并将图片的质量和尺寸压缩到一个平衡点上。JPEG格式具有方便、体积小、稳定和兼容性强的特点，是设计师经常使用的图片格式。

DSC09353.jpg

提示　在保存文件时，我们需要对文件的质量进行设置，在Photoshop中是以"品质"来表示文件的质量。"品质"值的大小决定了图像的大小。如果将图像上传到网络，那么建议选择"品质"为10；如果用于欣赏或用于其他有更高要求的领域，那么输出的质量自然是越高越好。

◎ TIFF 格式

TIFF格式是一种无损压缩或不压缩格式，所以它拥有的信息量非常大，但是并不适用于网络宣传，常用于扫描、传真和页面排版，其图标如右图所示。当处理好一张图片后，如果既想随时打开查看，又想拥有非常高的质量，那么存储为TIFF格式就是不二之选。

◎ RAW 格式

RAW格式是摄影师常用的一种格式，它可以随意更改白平衡而不会损伤任何画质。RAW的本意是未经加工的，也就是说，无须经过任何处理，便可以直接从CCD或COMS（相机的感光元件）上获得照片信息。这些照片信息是最原始的信息，能用于更加灵活地处理照片。RAW是一个统称，我们找不到扩展名为.raw的图像，那是因为大部分相机厂商都有自己的RAW格式，如尼康的RAW格式也叫作NEF格式，佳能的RAW格式也叫作CR2格式，索尼的RAW格式也叫作ARW格式，如下图所示。

尼康　　　　　　　　　　佳能　　　　　　　　　　索尼

提示 RAW格式不能在计算机上直接查看。高版本的Photoshop自带Camera Raw插件，双击RAW格式图片后，会打开Photoshop并进入Camera Raw滤镜，我们既可以在该插件中处理图片，又可以关闭该插件，用Photoshop的功能处理图片。

◎ PNG 格式

PNG格式是一种无损压缩的位图图像格式，并支持透明效果，如下面第1张图所示。PNG格式的特点是支持透明效果，即在一张图像中将人物抠出来，用于素材的制作。抠取了素材后，如果将人物保存为PNG格式，那么删除的背景不会填充任何内容，如下面第2张图所示；如果将人物保存为JPEG格式，那么删除的背景会自动填充为白色，在文件中显示的样式如下面第3张图所示。

◎ PSD 格式

PSD格式文件也可以说是工程文件，保留了后期处理过程中的所有步骤，其图标如右图所示。

提示 PSD格式的文件可以将所有的操作信息都保存下来，而为了避免一些失误，在这个过程中我们通常会复制或盖印多个图层，因此PSD格式的文件占用的内存会非常大。

1.2 修图常见基本工具

Photoshop工具箱中的工具是我们在日常工作中经常要用到的工具，其中有一些工具则是在后期处理的过程中必须使用的，读者需要掌握这些修图工具，并快速入门使用Photoshop软件。

1.2.1 缩放工具

- **工具介绍：** 缩放图片（快捷键为Z）。
- **重要指数：** ★★★
- **操作方式：** 单击图片或按住 Alt 键并单击图片进行放大或缩小，按住 Alt 键并滑动滚轮可实时缩放。
- **应用场景：** 判断图片是否清晰，观察局部细节。

在工具箱中单击"缩放工具"按钮 🔍，在默认状态下，缩放工具是"放大" 🔍 状态，在图像上单击即可放大，按住Alt键可切换至"缩小" 🔍 状态，在图像上单击即可缩小。

放大图像　　　　　　　　　　　　缩小图像

提示 当画面放大或缩小到极限时，有两种方法可以还原到初始大小。第1种是按快捷键Ctrl+0还原，第2种是在选项栏中单击"适合屏幕"按钮 适合屏幕 还原。

| 🔍 ∨ | ⊕ 🔍 | ☐ 调整窗口大小以满屏显示 | ☐ 缩放所有窗口 | ☑ 细微缩放 | 100% | 适合屏幕 | 填充屏幕 |

1.2.2 抓手工具

- **工具介绍：** 在图像的不同部分间平移（快捷键为 H）。
- **重要指数：** ★★★
- **操作方式：** 按住鼠标左键进行拖曳，在使用其他工具时按住空格键的同时拖曳。
- **应用场景：** 观察其他区域，在图片放大后进行局部范围的选择。

在工具箱中单击"抓手工具"按钮🖐️，按住鼠标左键并将图片向想要观察的范围拖曳。在使用其他工具的过程中，可按住空格键临时调用该工具，松开后返回至原工具。

移动前

移动后

1.2.3 裁剪工具

‹ **工具介绍：** 裁剪图像（快捷键为 C）。

‹ **重要指数：** ★★★★

‹ **操作方式：** 拖曳，按住 Shift 键拖曳可按画面比例裁剪。

‹ **应用场景：** 重新构图。

在工具箱中单击"裁剪工具"按钮🔪，图像的四周将显示裁剪框，拖曳裁剪框上的裁剪点进行裁剪，按Enter键确认裁剪。在此过程中，向内拖曳可裁剪不需要的图像，向外拖曳可为图像增加背景。

向内拖曳

向外拖曳

案例：二次构图

» 素材位置：素材文件 > 第1章 > 案例：二次构图
» 源文件位置：源文件 > 第1章 > 案例：二次构图

Before

After

原片分析

　　原图构图效果一般，人物的占比较大（尤其是发色较深、衣服的面积较大），因此画面重心偏向左下角。可以考虑减少人物部分，将视觉重心转移到形式感更强的部分，如体现吸管与面部轮廓之间的关系、在模糊的背景下呈现主次关系等，这些处理都可以起到引导视线的作用，增加趣味性。

操作步骤

01 选择工具箱中的"裁剪工具"**ц.**，在选项栏中设置裁剪工具的叠加选项为"三角形"，这时裁剪框被划分为4个三角形区域。

| 三等分 | 网格 | 对角 | 三角形 | 黄金比例 | 金色螺线 |

02 将鼠标指针放在裁剪框的角点上，出现 ⤢，同时按住Shift键拖曳可将裁剪部分按画面比例裁剪。

03 将鼠标指针放在裁剪框的边界外，待出现 ↻ 时拖曳以旋转画面。

04 待旋转到合适的位置时，按Enter键完成裁剪。这时底部存有一部分因旋转而扩展的白边，需要再次使用"裁剪工具" ⊐，进行修整，并分别向图片的顶部、底部和右侧扩展，使其具有规整的留白部分。注意这里旋转的对象是图像，而不是裁剪框。

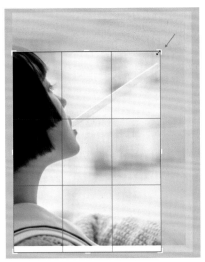

问：所有的图都能进行二次构图吗？

答：不是。如果当时的拍摄环境不能让摄影师严谨地构图，那么在拍摄时就要有意识地多预留一些内容来用于后期进行裁剪。我们可以通过本例对构图的思路进行分析。

当设置裁剪工具的叠加选项为"三角形"后，该图像明显被分成了4个区域。下面为这4个分区进行编号，如右图所示。1区为面部，2区为吸管，3区为手臂和肩膀，4区为留白。正是因为1区和2区形成的对角线与3区相对稳定，才能构成这样的画面。至于最后扩展的留白部分，可以让画面看起来不至于太满。

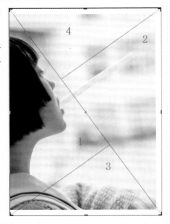

1.2.4 画笔工具

- **工具介绍:** 绘图(快捷键为B)。
- **重要指数:** ★★★★★
- **操作方式:** 单击和涂抹,可按[键或]键调整画笔的大小。
- **应用场景:** 添加内容、创建选区和擦除蒙版。

在工具箱中单击"画笔工具"按钮 ✏,这时鼠标指针变为圆圈状,表示当前使用的画笔大小(直径),这也意味着可以及时对画笔进行调整,实时观察画面效果。"画笔工具" ✏.的应用非常广泛,如果只是涂抹和擦拭就非常简单,但要使用"画笔工具" ✏.制作出好看的字体就需要用到数位板,如右图所示。

提示 使用"画笔工具" ✏.在图像上绘画就像用笔在纸上绘画一样。因此,要想在Photoshop中绘画,还需要使用者具备一定的美术功底,不过本书仅通过该工具进行简单涂抹,不会涉及更复杂的操作。

不同的画笔工具有不同的特性,如使用毛笔,我们能区分出浓淡;使用不同大小的笔号,我们能绘制出不同粗细的线条。Photoshop中的"画笔工具" ✏.拥有不同种类的画笔的特征,我们可以根据需求调节画笔的样式。如果对预设的画笔样式不太满意,还可以载入其他画笔或自定义画笔样式。这里只对"画笔工具" ✏.的基本属性进行讲解,其中涉及"不透明度""流量""大小""硬度"这4个参数,这些参数都需要在选项栏中进行设置,如下图所示。

📷 不透明度和流量

要想制作出浓淡不同的效果,就要注意"不透明度""流量"这两个参数。下面将"不透明度""流量"参数分别进行相同程度的调整,如下图所示。通过观察可以发现它们所得到的结果看似相似,但是其原理大不相同。

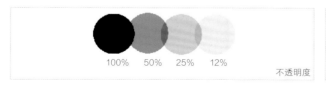

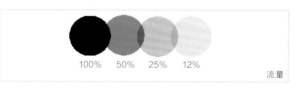

"不透明度"代表画笔在画面上的显示程度。设置为100%,将显示画笔所画的全部内容;设置为50%,则显示画笔所画的一半内容;而设置为0%,则不显示任何内容。"流量"控制着画笔的轻重,流量越大则上色效果越浓,流量越小则上色效果越淡。

提示 在使用不同的工具操作时,需要设置不同的"不透明度"和"流量"。如果想要使画面更加自然,那么就需要降低"不透明度"和"流量",并反复进行调整。

📷 画笔的大小和硬度

在选项栏中单击"画笔预设"选取器 🔅，在展开的面板中可以调整画笔的"大小"和"硬度"，同时还可以选择画笔的类型，如右图所示。除此之外，待激活"画笔工具" ✏.后，在画面中单击鼠标右键，也可以打开"画笔预设"面板。

"大小"可以控制画笔的宽度；"硬度"可以控制画笔笔尖的硬度，要想制作出边缘逐渐模糊的效果，就需要调整它。在修图的过程中，一般将画笔的"硬度"设置为0%，这种状态下的画笔比较自然。在后面的章节中，我们还将学习"画笔工具" ✏.的其他应用。

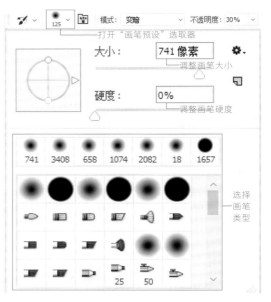

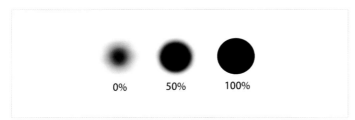

1.2.5　选择工具

Photoshop是选择的艺术，"选择"不仅是指选择使用的工具，还包括选择操作的区域，即"选区"，"选区"就是"框住"画面中的部分区域，而这个区域是通过各种操作方式来选择的。我们可以简单地将"选区"理解为用绳索框住的某一部分，表现为蚂蚁线（就像是很多蚂蚁在排队爬一样）围住的区域。

📷 矩形选框工具

- **工具介绍：** 创建规则的四边形选区（快捷键为 M）。
- **重要指数：** ★★
- **操作方式：** 拖曳，按住 Shift 键并拖曳可创建正方形选区。
- **应用场景：** 选择一个区域，进行填色、描边或抠图。

在工具箱中单击"矩形选框工具"⬚，鼠标指针便会变成十字形。在想要框选的地方按住鼠标左键，确定需要框选的起始处，然后沿对角线拖曳，松开鼠标即可绘制一个矩形选区，但是这种操作方式每次只能绘制一个矩形选区。同理，"椭圆选框工具"⬭也是同样的操作方式。

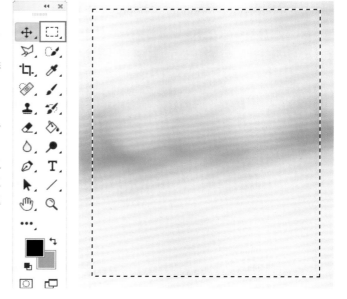

📷 魔棒工具与快速选择工具

- **工具介绍：** 根据颜色差异来创建选区（快捷键为 W）。
- **重要指数：** ★★★
- **操作方式：** "魔棒工具" 🪄通过单击来操作，"快速选择工具" 🖌通过涂抹来操作。
- **应用场景：** 选择一个区域，进行填色、描边或抠图。

"魔棒工具" 🪄和"快速选择工具" 🖌都是用于选择元素的工具。"魔棒工具" 🪄适合选择图片中大面积颜色比较单一或色彩变化不大的部分，而"快速选择工具" 🖌则适合在复杂的背景中选择颜色较相似的部分。"魔棒工具" 🪄通过单击来创建选区，而"快速选择工具" 🖌则需要像绘画一样来绘制选区。

使用"魔棒工具"　　　　　　　　　　　　　　　　　使用"快速选择工具"

选择反向　使用任意一个选择工具选择图片中的单一背景,都可以通过右键快捷菜单中的"选择反向"选项来操作,这种方法适用于快速选择复杂的元素。

案例：去除背景

» 素材位置：素材文件 > 第1章 > 案例：去除背景
» 源文件位置：源文件 > 第1章 > 案例：去除背景

原片分析

去除背景前需要将图片抠取出来，"魔棒工具" 🪄 和"快速选择工具" 🖌 都可以用于抠图。从下图的情况来看，无论是背景还是主体，它们都不是在一个单一的背景下，所以本例更适合使用"快速选择工具" 🖌 。

操作步骤

01 选择工具箱中的"快速选择工具" 🖌 ，使用默认的选择模式，调整画笔的大小，使其比人物眼睛略大即可，然后按住鼠标左键并涂抹人物部分，将人物抠取出来。

> **提示** 在涂抹的过程中，按住Alt键，鼠标指针会变成减号，拖曳即可减除选区。

02 待人物四周出现蚂蚁线后，按快捷键Ctrl+J复制一个图层，这时隐藏"背景"图层，就会发现人物和背景已经分离开了。按快捷键Ctrl+S将其保存为PNG格式的文件。

问：创建的选区能做什么？

答： 选区的作用有很多，不仅能够用于蒙版，还可以对选区内或选区外的内容进行单独调整。就像抠图，我们需要先创建选区才能将图像抠出来。

1.2.6　历史记录

- **工具介绍：** 记录所有的操作步骤。
- **重要指数：** ★★★★
- **操作方式：** 选择之前的操作步骤。
- **应用场景：** 纠正错误的操作。

　　按快捷键Ctrl+Z只能返回上一步操作，如果想要撤销多步操作，就需要使用"历史记录"。执行"窗口>历史记录"菜单命令，即可打开"历史记录"面板。若选择了之前的某一步后进行了其他操作，将从此步开始重新记录步骤。

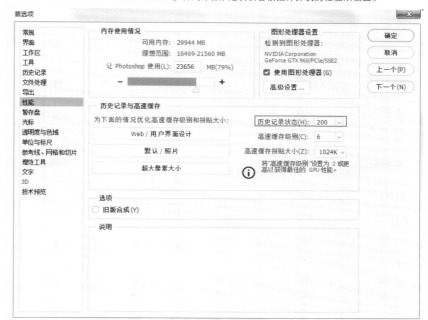

提示　"历史记录"保存的步骤数是可以设置的，执行"编辑>首选项"菜单命令，"性能"设置界面中的"历史记录状态"选项可以设置步骤的个数，建议读者根据计算机的性能来设置。

1.3　选择所需颜色

　　颜色是一张图片中不可缺少的内容，用Photoshop不仅可以改变图片中固有的色彩，还可以为图片添加色块、标记信息等。颜色的选择是一项很基础的操作，颜色的吸取也是我们经常要用到的操作。

1.3.1　前景色与背景色

- **工具介绍：** 指定填充的颜色。
- **重要指数：** ★★★★★
- **操作方式：** 单击方块打开拾色器，按 X 键切换前景色和背景色。
- **应用场景：** 为画笔、文字和形状等指定颜色。

在工具箱的底部有一组表示前景色和背景色的方块，这个就是"标准颜色控制器"，通过该控件我们可以选择合适的颜色，如右图所示。前景色决定了画笔涂抹的颜色和文字的颜色；背景色决定了使用"橡皮擦工具"擦除图像时被擦除区域所留下的颜色，此外也是新增画布边缘的背景填充色。

1.3.2　拾色器

- **工具介绍：**吸取图像的颜色属性，选择色域中的颜色。
- **重要指数：**★★★★★
- **操作方式：**打开拾色器后，鼠标指针会默认变成吸管，从而吸取需要的颜色。
- **应用场景：**为画笔或文字选择颜色，为选区填充颜色。

单击前景色（或背景色）方块，打开"拾色器"对话框，我们既可以在"色域"中直接吸取颜色（或设置颜色的RGB值等），也可以在激活了"吸管工具"的功能后，将鼠标指针放到图像上并吸取图像上的任何一种颜色，这时吸取的颜色就成为前景色（或背景色），右图就是吸取肤色的过程。

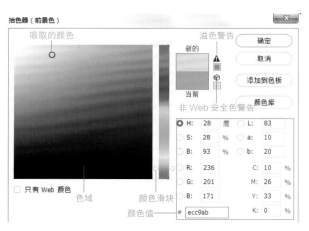

1.4　查看与调整颜色

当拿到一张图片时，先不要考虑如何对其进行修图，而是应该以这张图片的原始数据作为参考，对其进行基础的调整。在Photoshop中，直方图是用于观察图片原始数据的工具，"曲线"则是用于调整颜色的工具，结合这两种工具，便能快速对画面内容进行初步的调整，如调整曝光度和颜色。

1.4.1　用直方图查看

直方图能够通过"数据"直观地查看原始图片中影调（色彩）与像素分布的关系，因此查看直方图比直接看图片更能准确地判断画面的明暗关系。

📷 直方图的位置

直方图不只是Photoshop的产物，我们在相机上也能查看与之相关的信息。在直方图中显示了图片的三原色（红、绿、蓝）的信息状态，边缘的数据越多、形状越高，表示图片过曝或过暗。在Photoshop中有3个地方可以看到图片的直方图信息，第1个是Photoshop工作区中的直方图，如下面第1张图所示；第2个是"曲线"对话框，如下面第2张图所示；第3个是Camera Raw滤镜中的直方图（Camera Raw滤镜和控制面板采用的都是颜色直方图）。

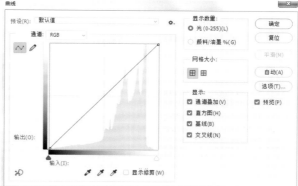

直方图怎么看

简单地说，直方图就是一个数据统计图，用来统计影调在画面中的占比。

看灰度

Photoshop中的直方图是图像直方图，x轴代表图像的影调，从左到右分别是"黑色""阴影""中间调""高光""白色"，而x轴的两端表示极黑（左端顶）和极白（右端顶），也就是黑色和白色；y轴代表像素数量的多少，直方图上的小山峰越高，说明这一块的影调在画面中的占比越大。总体来说，x轴说明了画面是什么影调（如高光、阴影），而y轴就是该处在画面中的占比，y值越大，那么该处的占比就越大。

①如下图所示，如果图片很暗，直方图信息靠左侧，说明阴影和黑色的占比最多，因此这是一张低调片。

②如下图所示，如果图片很亮，直方图信息靠右侧，说明高光和白色的占比最多，因此这是一张高调片。

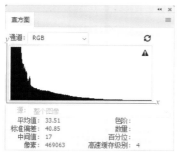

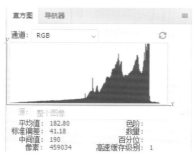

理论上，一张漂亮的直方图的左右两侧都没有信息，并且都空开了一些距离。但直方图"漂亮"并不总是等于合理的曝光，有些图片本来就需要很暗的色调（即低调片），有些图片本来就需要很亮的色调（即高调片）。低调片的情绪感较重，在日系风格摄影中不太常见，而高调片则在日系风格摄影中常常遇到，以体现明亮、干净和整洁的效果为主。

问：什么是影调？

答：图片的影调一般分为低调、高调、中间调和剪影（剪影属于另类，这里不进行讲解）4种。我们常说白色衣服和白色背景是高调，黑色衣服和黑色背景是低调，其实并不是这样的。在一张图片中，直方图信息偏右表示亮部的占比较大，占比在70%以上就是高调；直方图信息偏左表示暗部的占比较大，占比在70%以上就是低调。

日系写真基本是人像。我们以右图为例，x轴的亮部峰值高，说明像素占比大，中间调较少且平缓，且低调处有一个小山峰（在人像中，阴影中的小山峰一般是指人物的头发），以上特征说明这是一张高调片。

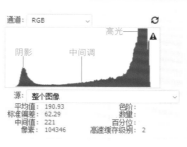

看颜色

通过灰度除了能查看一张图片的影调，我们还能看到不同颜色在不同影调上的占比。将直方图的"通道"设置为"颜色"后，直方图的峰值就变成了以颜色为主的占比，如下图所示。

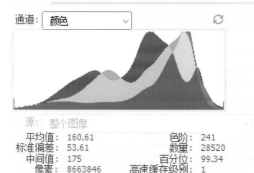

问：哪些图是不合适的图片？

答： 不合适的图片有很多，但是关系到影调，以下这两种图片不太合适，一是画面太灰，二是画面过脏。

第1种，画面太灰。如下图所示，这张图的反差太小。虽然它的层次体现得较多，但是过灰的图片容易显得画面太"飘"，是一张既不好看又不合格的图片。

第2种，画面过脏。如下图所示，这张图的反差太大。对于人像来说，画面的反差太大容易显得画面过脏，因此宁可让反差小一点，也不要过大。

1.4.2　用曲线调整

学会观察图片的影调后，我们就要开始调整不合适的图片影调。"曲线"是Photoshop中较早使用的命令之一，也是一个非常好用的基础调色工具，它的操作非常简单，即通过调节曲线的"弧度"来改变图片的影调。

📷 曲线的位置

"曲线"可以快速调整图像的曝光度，我们常用以下两种方式打开"曲线"对话框。

第1种方式，执行"图像>调整>曲线"菜单命令（快捷键为Ctrl+M）打开"曲线"对话框，使用这种方式不会生成新的调整图层，只会在原图层上更改。

第2种方式，在工作区中切换到"调整"面板，然后单击"曲线"按钮 ，如右图所示。使用这种方式会为该图层生成一个新的调整图层。

提示 单击"调整"面板中的每一个按钮都能生成一个新的图层，我们可以在这个新图层上单独操作，而不影响原图层。

曲线怎么用

"曲线"是通过控制一条45°的斜线来调整颜色的区域，我们在"曲线"对话框中也能观察到直方图。在"曲线"对话框中，只需要观察或调整两个量就可以了，与直方图的原理一样，我们需要注意曲线的x轴和y轴，即影调与所处影调的像素面积。

学习了直方图的知识后，对曲线也就容易理解了。与直方图一样，曲线也有x轴和y轴，x轴代表"黑点""阴影""中间调""高光""白点"影调，y轴代表数量的多少。在这条斜线上设置控制点，可以通过拖曳控制点来调整不同区域的影调，如右图所示。

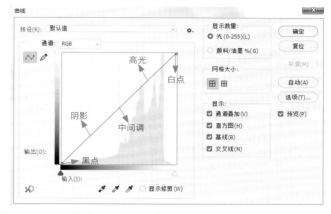

提示 "预设""显示数量""网格大小""显示"等参数一般使用默认设置，也可以根据自己的习惯进行调整。

吸管

使用曲线时，鼠标指针会变成"吸管"，以便于吸取图片上的颜色。如右图所示，吸取皮肤的颜色后，曲线上会出现一个空心圆点，该圆点所处的位置便是皮肤在曲线上的亮度值。

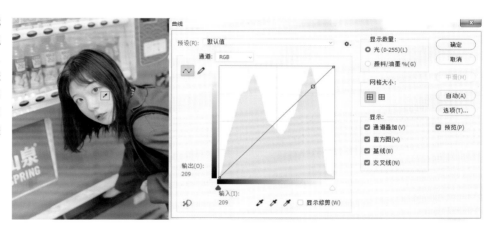

提亮肤色

如果想提高皮肤的亮度，那么只需要在曲线上调整代表皮肤亮度的那个点，使其在y轴上更高一些。由于改变的是整条曲线，因此提亮的不只是肤色，而是整张图片，如右图所示。

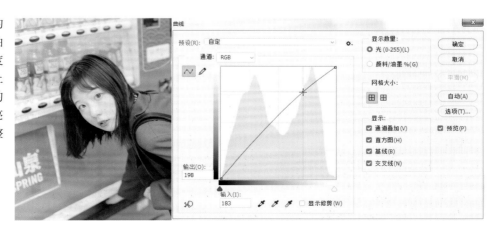

增加反差

S形曲线能够增加图片的反差，即增加"高光"并降低"阴影"，这是一条常见的增加反差和对比度的曲线。

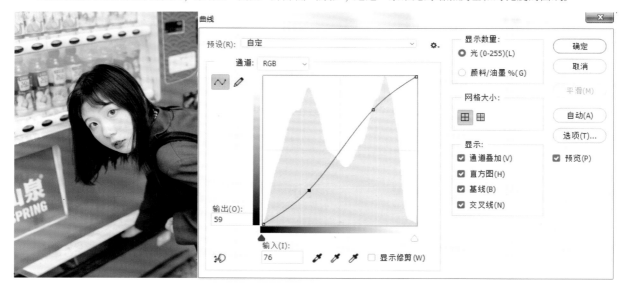

案例：通过曲线调整柔和影调

» 素材位置：素材文件 > 第1章 > 案例：通过曲线调整柔和影调
» 源文件位置：源文件 > 第1章 > 案例：通过曲线调整柔和影调

📷 原片分析

图片的画面比较暗，同时对比度较高，我们需要降低画面的对比度，使影调更为柔和。

📷 操作步骤

01 按快捷键Ctrl+M打开"曲线"对话框，创建一个提高"中间调"的曲线，以增强画面的曝光度。

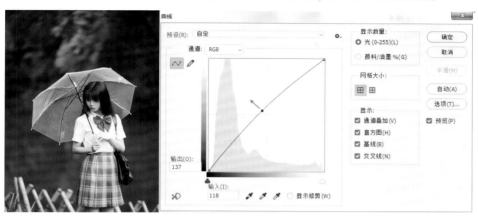

02 将"高光"降低，使该处的控制点回到原本的位置，呈现倒S形曲线。

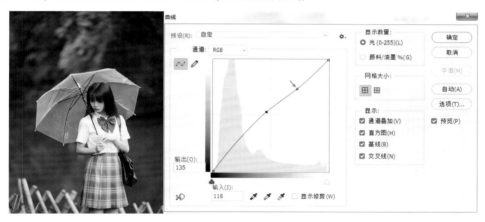

提示 S形曲线是增加对比度的曲线，而倒S形曲线就是减少对比度的曲线。

03 将"阴影"降低，使该处的控制点回到原本的位置，这时的曲线是一条凸形曲线，这样就不会导致画面变灰。

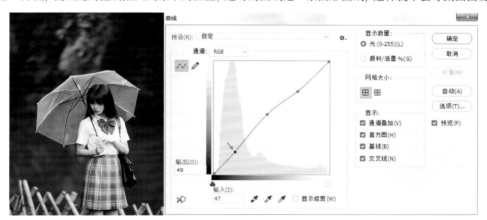

04 将"黑点"提高，让暗部提亮，以区分画面的层次。

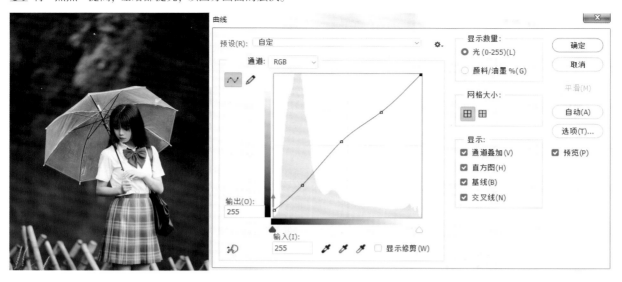

05 将"白点"降低，让画面更柔和。

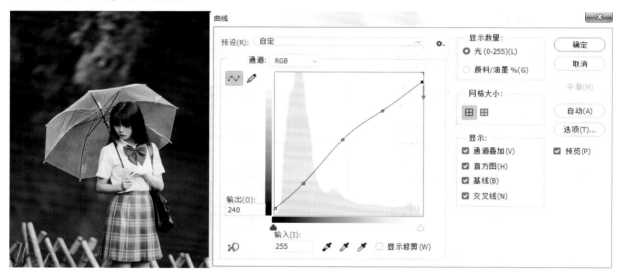

1.5 图层关系与蒙版原理

图层和图层蒙版是Photoshop的强大功能之一，只有灵活地运用图层和蒙版，才能说入门了Photoshop。

1.5.1 图层可以叠加

图层和图层之间的关系是密切的，它们可以合并，也可以分开，甚至还可以相互叠加。了解图层的使用方法能帮助我们提高处理图片的效率，并能应用只有图层才能使用的效果。

图层的作用

图层是图像的分层，我经常用一个比喻来解释什么是图层：如果Photoshop是一本不限页数的书，那么图层就是其中的书页，它们一层一层地累积在一起，大家看见的是最上面的那一层，如下图所示。

图层怎么用

下面介绍图层的基本用法。了解图层的特点，我们才能更好地应用图层。

显示与隐藏

显示"眼睛"图标可查看这一个图层的内容，关闭"眼睛"图标可查看下一个图层的内容，如下图所示。

不透明度

"图层"面板中的"不透明度"的原理与前文提到的"画笔工具" ✐的原理相同。但是"图层"面板中的"不透明度"有一个特点，那就是随着"不透明度"变低，图层也会变得越来越薄，也就是说，调整图层的"不透明度"可以叠加下一个图层的效果。

①当"不透明度"为100%时，显示的是整个图层的内容。

②当"不透明度"为50%时，图片有一种"多重曝光"的感觉。

特殊效果

在"不透明度"的左侧是"混合模式"，就像是给书的这页纸附上各种不同的"特殊效果"，默认为"正常"。混合模式的作用是让两个图层混合在一起，在图片中至少有两个图层才能使用该功能。

复制图层 在修图的过程中，我们常常需要复制图层，因为操作的过程非常复杂，所以应避免直接在原图的图层上调整。复制图层后，可以随时对修改效果不满意的地方进行修复。这种操作比较频繁，建议通过快捷键来完成，按快捷键Ctrl＋J即可复制被选中的图层。复制图层是非常好的习惯，读者必须要有这样的操作意识，并建议每操作一步就复制一次。

1.5.2 蒙版可以擦

蒙版分为"白蒙版"和"黑蒙版"，它能独立成为一个单独的图层，就像单击"调整"面板中的每一个按钮都能生成一个新的图层，如前文提到的"曲线"调整图层。

蒙版的作用

图层蒙版就是对不同图层的不同内容进行保留和删除，与"橡皮擦工具" ✎ 的作用类似，它主要用于擦除所选图层的一部分内容，被擦去的内容则会由下一个图层填充。"白蒙版"相当于一块透明的布，对图层不会产生任何影响，因此"白蒙版"表示显示全部，我们可以使用黑色画笔在该层的"白蒙版"上进行绘制，以显示下一个图层的内容；"黑蒙版"则相当于一块黑色的布，使用"黑蒙版"后该图层被遮盖，会直接显示下一个图层的内容，因此"黑蒙版"表示隐藏全部，我们可以使用白色画笔在该层的"黑蒙版"上进行绘制，以显示上一个图层的内容。

问：既然图层蒙版与"橡皮擦工具" ✎ 的作用类似，那么为什么不直接使用"橡皮擦工具" ✎ 呢？

答： 使用"橡皮擦工具" ✎ 擦除某块区域后，要想还原就只能在"历史记录"中操作，这样不仅麻烦，而且还有很多局限性，如右图所示。

蒙版怎么用

蒙版是用于将图层与图层衔接起来的工具。

创建图层蒙版

图层蒙版没有快捷键，需要在"图层"面板中添加图层蒙版。单击"图层"面板底部的"添加图层蒙版"按钮 ◘ 即可添加一个"白蒙版"，这时图层不会发生任何变化，因此显示的是该图层的全部内容，如下图所示。

按住Alt键并单击"添加图层蒙版"按钮 ◘ ，添加的是一个"黑蒙版"，这时该图层被遮盖，显示的是下一个图层的全部内容，如下图所示。

提示 如果已经添加了"白蒙版"，那么我们还可以选中该图层并按快捷键Ctrl+I进行反相，将"白蒙版"切换为"黑蒙版"。

显示两个图层间的部分内容

如果想通过图层蒙版让两个叠加的图层只显示其中的部分内容，那么就需要通过"蒙版＋画笔工具"的方式来完成。如下图所示，"白蒙版"不能观察到效果，使用黑色画笔在白蒙版上涂抹出下一个图层中人物的轮廓，便可以将下一个图层的人物显示到当前图层。而"黑蒙版"需要使用白色画笔涂抹下一个图层人物身边的环境，才能将下一个图层的人物显示到当前图层。虽然这两种方式的用法不一样，但是实现的效果是一样的。我们可以得出一个结论，白色代表显示，黑色代表隐藏，即"白蒙版"应该使用黑色画笔，"黑蒙版"应该使用白色画笔。

提示 图层蒙版上的操作都必须在蒙版上进行，因此需要确认当前操作的是蒙版还是图层。选中图层或蒙版时，其周围会显示一个小白框。如果选中的是套着蒙版的图层，那么用画笔绘制时将会画出颜色来；如果在选中的蒙版上涂抹，将会控制图层内容的显示或隐藏。如果不想要图层蒙版，可直接将其拖曳至"垃圾桶" ▥ 上，图片即可恢复原状。

📷 使用蒙版后需要做什么

当使用了图层蒙版后，要想对图片继续进行操作，复制图层只会将使用过蒙版的图层复制一遍，不能获得一个新的完整的图层。如右图所示，如果只是复制图层，那么这里被复制的就是被使用过图层蒙版的图层。要想获得一个完整的图层，有3种方法，即向下合并、合并可见图层和盖印图层。

向下合并

"向下合并"（快捷键为Ctrl+E）是将选中的图层与其下面相邻的一个图层进行合并，最终效果不会发生变化。

合并可见图层

"合并可见图层"（快捷键为Ctrl+Shift+E）是将"图层"面板中的所有图层合并为最开始的图层，即"背景"图层，最终效果不会发生变化。

盖印图层

"盖印图层"（快捷键为Ctrl+Shift+Alt+E）是我们经常使用的合并图层的方法，它可以保证在原有图层不变的基础上合并所有图层的效果，并创建一个新的图层，最终效果依然不会发生变化。与"向下合并"和"合并可见图层"不同，盖印图层后使用过蒙版的图层不会消失。

🔍 问：这 3 种方法应该在什么时候使用？

答： 我不太建议使用前两种，因为无论是"向下合并"还是"合并可见图层"，它们都会将原本的蒙版效果合并到一起，若我们在之后的操作中发现之前使用的蒙版有失误的地方，就没有再次更改的机会了。盖印图层的用处非常多，不仅体现在蒙版上，像降低不透明度等很多操作都需要通过盖印图层来完成。

蒙版的用处非常多，在一个完整的日系写真人像的后期操作中，使用蒙版的次数不少于10次，这还只是简单的调整，无论是磨皮还是调色，只要我们想让两个或两个以上图层中的内容合并，就必须用到蒙版。除此之外，在一般的修图思路中，我们常常分开调整图片中的内容，如按照"主体→陪体"或"肤色→环境色"的顺序修图，这些都需要通过蒙版将它们相互联系起来。

案例：通过蒙版提亮肤色

» 素材位置：素材文件 > 第1章 > 案例：通过蒙版提亮肤色
» 源文件位置：源文件 > 第1章 > 案例：通过蒙版提亮肤色

📷 原片分析

　　图片看起来有曝光不足的感觉，主要体现在人物的皮肤过于暗淡，并且没有通透感，所以需要提高人物皮肤的亮度，包括手部和面部。环境的曝光度还是适合的，因此我们不对此进行调整。

📷 操作步骤

01 按快捷键Ctrl+J复制一个图层，并命名为"1"。

02 按快捷键Ctrl+M 打开"曲线"对话框，然后创建一个提高"中间调"的曲线，增强画面的曝光度。

03 虽然曝光度提高了，但是上述操作提高的是画面整体的曝光度，而我们只希望提亮肤色，保持环境没有发生变化。这时就需要创建图层蒙版，在提高曝光度的图片中将人物手部和面部显示出来。按住Alt键并单击"图层"面板中的"添加图层蒙版"按钮 ◻，为"1"图层添加"黑蒙版"。

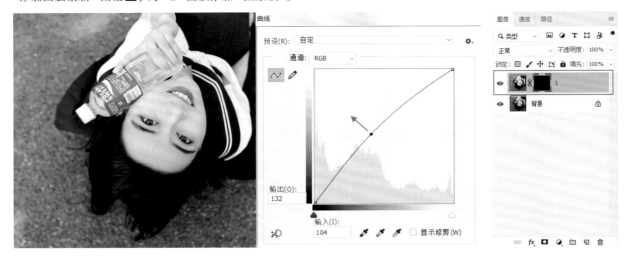

04 选中"画笔工具" ✐ ，并用白色画笔擦出人物的面部和手部。

❓ **问：在图层蒙版中是选择"黑蒙版"还是选择"白蒙版"？**

答： 新手经常受到一个问题的困扰，那就是在使用图层蒙版时是使用"白蒙版"好还是使用"黑蒙版"好。虽然添加"白蒙版"和"黑蒙版"在最终的效果上是没有区别的，但是对应到不同的操作过程中会有简单和麻烦的区别。这个区别在于是先隐藏下一个图层的内容而显示当前图层的内容，再将下一个图层的部分内容显示出来，还是先隐藏当前图层而显示下一个图层的内容，再将当前图层的部分内容显示出来。也就是说，需要擦的部分越少就越方便，擦的部分越多就会越麻烦，我们应该根据实际情况灵活应用。本例选择使用"黑蒙版"是因为这张图片需要提亮的面积较小，如果使用"白蒙版"，那么需要用黑色画笔擦出的地方就不只是人物的面部和手部，而是整个环境。另外，要注意"黑蒙版"需使用白色画笔，"白蒙版"需使用黑色画笔，它们都可以通过灰色画笔来中和图层。

第 2 章

Camera Raw 滤镜

掌握了 Photoshop 的基础知识后，将学习 Photoshop 非常核心的知识点，也就是 Camera Raw 滤镜。通过 Camera Raw 滤镜，我们能够将图片调整成理想的效果，以便进行后续的操作。学习了本章内容后，进步会较为明显，成图和原图的差距会立刻显现出来。

2.1 认识 Camera Raw 滤镜

学会Camera Raw滤镜就能初步解决一张图片的基本问题。Camera Raw滤镜既是滤镜又是插件，它在Photoshop中非常重要，只要下载Photoshop CC以后的版本，都会自带Camera Raw滤镜，如下图所示。打开Camera Raw滤镜的方法有两种。

第1种，双击RAW格式的图片，只要计算机上有Photoshop软件，便会自动打开Photoshop，并进入Camera Raw滤镜的界面。

第2种，使用Photoshop打开图片后，执行"滤镜>Camera Raw滤镜"菜单命令（快捷键为Ctrl+Shift+A）。

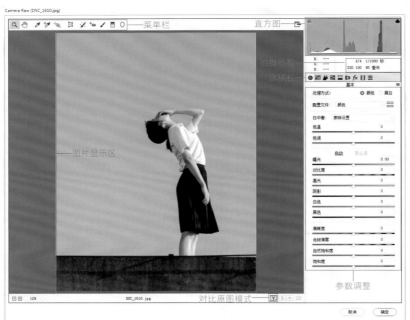

这两种进入Camera Raw滤镜的方法除了在图片的格式上有着本质的区别外，其较大的区别还体现在Camera Raw中的"镜头校正"工具 上。只有打开了RAW格式图片，才会在该面板中出现"配置文件"选项，这一功能主要是根据相机和镜头信息对图片进行自动校正。Adobe公司已经与相机厂商进行了合作，将相机镜头信息套上已准备好的"设定"，对图片有一定的帮助，如自动删除一些由镜头带来的色差并校正图片中的形变部分。

另外，通过Photoshop打开的Camera Raw滤镜是没有"旋转画面"这个选项的，这时只能执行"图像>图像旋转"菜单命令来调整图片。

提示 我不建议使用第2种方法，因为通过Photoshop打开Camera Raw滤镜，在调整色温和色调时对画质的影响非常大，所以最好在前期调整好色温。如果直接调整的是RAW格式的图片，进入Camera Raw滤镜就可以看到拍摄这张图片的色温和色调，并且接下来可以随意调整而不会损坏图片的画质。

2.2 Camera Raw "基本" 面板

Camera Raw滤镜的重点在"基本"面板中,有"曝光""对比度""高光""阴影""白色""黑色""清晰度""去除薄雾""自然饱和度""饱和度"等基础选项,通过这些选项我们可以对图片的影调进行基本的处理。

2.2.1 曝光

曝光就是对图片的整体曝光进行调整。无论调整的图片是什么色阶(色调)的,只要图片中的所有内容都需要进行整体的调整,那么就需要调整曝光这个选项。关于曝光的主体,一般我们不必去调整它,但是针对有些明明是人像摄影,却不以主体人物为中心进行曝光,从而导致得到的成片不是"欠曝"就是"过曝"时,就需要通过调整曝光来还原图片应有的曝光度。

①当"曝光"为0时,该图片为原片,这时的曝光适中。

②当"曝光"为2时,该图片明显过曝。

③当"曝光"为-2时,该图片明显欠曝。

提示 只要影响曝光的光圈、快门和ISO这3个要素准确,就能拍摄出一张曝光准确的图片。

2.2.2 对比度

对比度是指图片中亮部和暗部的反差。对比度越大,反差越大;对比度越小,则反差越小。

①当"对比度"为0时,该图片为原片,这时的反差适中。

②当"对比度"为100时,该图片的反差过度,因此图片中的颜色变重。

③当"对比度"为-100时,该图片基本没有反差,此刻的图片变得非常灰。

2.2.3　高光

高光代表图片中的亮部区域，在直方图中显示为最右端的"白色"，一般用来调整图片中的高光区域。

①当"高光"为0时，该图片为原片，这时人物的衣服、脸部和天空的细节恰到好处。

②当"高光"为100时，人物的衣服和天空的细节有些过曝，丢失了很多关于高光的细节。

③当"高光"为-100时，人物的衣服和天空的高光部分被较大程度地还原，但是这时的图片显灰。

2.2.4　阴影

阴影代表图片中的暗部区域，在直方图中属于左半边区域。在大部分图片中，增加阴影就能够增加图片的层次和细节。

①当"阴影"为0时，该图片为原片，其中的层次和细节刚好合适。

②当"阴影"为50时，画面整体的层次会更加丰富，但是如果人像图片的阴影增加过度，就容易使头发或深色衣服变灰。

③当"阴影"为-50时，图片中的细节变得更少，尤其是暗部的层次变少。

2.2.5 白色 / 黑色

　　白色和黑色是指图片中最亮和最暗的部分。调整白色和黑色，不仅会影响最亮和最暗的部分，还会使整张图片的整体色调发生剧烈的改变。

　　①当"白色"和"黑色"都为0时，该图片为原片，这时效果适中。

　　②当"白色"为100，"黑色"为0时，图片的亮部发生变化，由于增加的是曝光效果，因此画面整体被提亮，但是图片显得过曝。

　　③当"白色"为-100，"黑色"为0时，图片的亮部发生变化，但是没有"白色"为100时变化效果那么强烈。

　　④当"白色"为0，"黑色"为100时，图片的暗部发生变化，作为背景的树叶、柏油路面及头发，它们原本在画面中属于深色的部分被提亮。

　　⑤当"白色"为0，"黑色"为-100时，图片的暗部发生了非常明显的变化，而且整张图片也发生了变化，相比"黑色"为100时变化较明显。

提示 将"黑色"和"白色"这两个选项放在一起时，会发生一个有趣的现象，当"白色"和"黑色"正好相反时，"白+"的变化大于"白-"的变化，"黑-"的变化大于"黑+"的变化。

白色　　0
黑色　　0

白色　　+100
黑色　　0

白色　　-100
黑色　　0

白色　　0
黑色　　+100

白色　　0
黑色　　-100

2.2.6 清晰度

清晰度指的就是图片的锐度，画面中每一个像素点和像素点之间的锐度增大会加强对比，因此调整清晰度也会影响图片的对比度。但是在大部分日系人像的后期处理中，都没有直接使用Camera Raw滤镜的"清晰度"来调整画面的锐度或增强对比，特别是提高这一数值。

①当"清晰度"为0时，该图片为原片，这时的清晰度适中。

②当"清晰度"为100时，画面的颜色加深，这说明人像图片不太适合整体提高清晰度。

③当"清晰度"为-100时，该图片变得模糊，缺少了细节和层次。

2.2.7 自然饱和度 / 饱和度

自然饱和度和饱和度都能控制图片的饱和度。与饱和度相比，通过调整自然饱和度处理图片，特别是在处理人像图片时会更加自然，提高自然饱和度会稍微提高人像肤色的饱和度，并且会着重提高其他环境的饱和度。但我们在为图片调色时通常不会轻易调整这两个选项，尽量通过其他方法来调整图片的颜色。

①当"饱和度"和"自然饱和度"都为0时，该图片为原片，这时效果适中。

②当"自然饱和度"为50，"饱和度"为0时，能感觉到画面中的饱和度得到提升，颜色的纯度更高，画面变得更加鲜艳。

③当"饱和度"为50，"自然饱和度"为0时，可以看到人物的肤色与"自然饱和度"为50且"饱和度"为0时的肤色有明显的差别。

日系人像图片初步调整的思路

Camera Raw滤镜适用于对图片的大基调进行初步调整，但是我们在处理图片时不可能只调整一次，首次调整决定了图片在后续处理时的色调方向，也就是俗称的"定调"。下面我根据自身的经验对Camera Raw滤镜"基本"栏中的选项在日系人像修图中的实际应用进行分析。

①曝光。"过亮而不曝"是日系人像图片中共有的特性，可以适当增加照片的"曝光"，使照片显得明亮些，但是注意一定不要过曝，我们只需要突出其中的细节和质感即可。另外，"曝光""阴影""白色"有一定的互动性，特别是"阴影"。

②对比度。首次调整人像图片的色调时，应适当减少"对比度"，以便后续对面部的皮肤进行处理。

③高光。只要高光不会对人像皮肤造成影响，"高光"这一项可以选择放弃，特别是自然风景中的人像，放弃"高光"可以让天空获得更好的层次，甚至可以将"高光"调整为-100。当然，在拍摄棚拍人像时，高光就显得尤为重要了。

④阴影。与"高光"相比，"阴影"则正好相反，无论是人像图片还是风光图片，在大多数的图片中，"阴影"都值得增加，因为增加"阴影"能够体现更多的层次和细节，所以我们可以大胆地尝试。但是注意不可过度，否则容易使图片变灰，图片变灰是非常难看的，此时"对比度"和"黑色"便是压制"阴影"的好帮手。

⑤白色和黑色。"白色"和"黑色"对"曝光"和"阴影"的帮助都很大，特别是"黑色"。被"阴影"拉灰的头发，可以靠降低"黑色"来拯救。在一般的人像图片中，我们可以增加"白色"的参数，减低"黑色"的参数。

⑥清晰度和饱和度。建议在首次调整时先别着急进行设置。

案例：Camera Raw 滤镜基础调整

» 素材位置：素材文件 > 第 2 章 > Camera Raw 滤镜基础调整
» 源文件位置：源文件 > 第 2 章 > Camera Raw 滤镜基础调整

📷 原片分析

图片看起来曝光不足，而且影调的层次不够清楚。我们不仅需要提亮人物的肤色，而且要提升环境色的亮度和饱和度，使整体的色调"过亮而不曝"，更显小清新风格。

提示 我在处理大部分人像图片时都有一个小习惯，即保证画面"过亮而不曝"，特别是"糖水片"。"过亮而不曝"的意思是不能让图片中的高光部分毫无细节，因此需要在曝光准确的基础上提升亮度，让图片的影调偏亮一些，但是又不能让图片过曝。这就需要在前期拍摄的时候尽量做到准确曝光，后期就能在Camera Raw滤镜中通过提高曝光参数来调整。调整日系人像图片时，在曝光准确的基础上再增加一点曝光是常用的调整思路。

📷 操作步骤

01 执行"滤镜>Camera Raw滤镜"菜单命令，进入 Camera Raw滤镜。先将亮度稍微提高，在"基本"面板中设置"曝光"为1.00。

02 图片中的暗部包含头发和下装等，亮部包含皮肤和上衣等。考虑到我们可能需要通过增加"黑色"并减少"白色"来降低暗部和亮部之间的对比，所以这时可以增加"对比度"，从而中和后续的操作。在"基本"面板中设置"对比度"为30。

03 设置"高光"为-100。因为主体人物背后的背景基本都是由高光部分组成的，所以降低画面高光部分的亮度，可以更多地还原高光部分的层次和细节。

提示 无论增加还是减少"对比度"，其实这两种方案都可取，主要看"对比度"如何与"阴影""白色""黑色"这3个选项联系。但是"对比度"无论如何都不能调整得太多，适合微调或中度调整。

04 图片中的面部阴影、头发和衣服等都属于阴影部分，提高"阴影"可以还原图片的细节。但是提得太多会使图片发灰，因此要设置一个合适的数值，这里设置"阴影"为50。

05 使用"先加对比度，再白减黑加"的方式来调整人像。因为这时的"对比度"为30，所以可以设置"白色"为-70，"黑色"为30，最后单击"打开图像"按钮 打开图像 就可进入人像后期处理的精修阶段了。

对比度、黑色和白色的关系

在设置"白色"和"黑色"时，我们可以与"对比度"联系起来。它们之间有两种联系方式，第1种是"先减对比度，再白加黑减"，第2种是"先加对比度，再白减黑加"。其中第2种方式使用得较多，当然这两种方式都有各自的优点。如下面两张图所示，两种方式的"对比度"的加减数值都是30，"黑色"和"白色"的加减数值都是50。我们先看一看"先减对比度，再白加黑减"和"先加对比度，再白减黑加"这两种设置方式下的效果有什么区别。

先减对比度，再白加黑减   先加对比度，再白减黑加

这两种设置方式所得到的效果比较接近，但还是有许多细微不同。相比之下，通过"先加对比度，再白减黑加"制作的效果更好看一些。

2.3 降噪与锐化

介绍Camera Raw滤镜的基础操作技法及定调的思路后，讲一讲Camera Raw滤镜中的降噪和锐化功能。为什么要将它们放在一起讲呢？因为在一个完整的人像后期修图过程中，我们通常用Camera Raw滤镜同时调节降噪和锐化，且在一般情况下降噪只调节一次，而锐化可以调节多次。

进入Camera Raw滤镜，在"细节"面板中有"锐化"和"减少杂色"两个选项组，如右图所示。

重要参数介绍

- **数量：** 设置锐化程度的多少。
- **半径：** 设置锐化范围的大小。
- **细节：** 设置锐化所保留的细节的多少。
- **蒙版：** 控制图片中需要被锐化的部分。
- **明亮度：** 用于降低黑白噪点。
- **明亮度细节/明亮度对比：** 对黑白噪点的降噪部分进行更细腻的调整。
- **颜色：** 用于降低彩色噪点。
- **颜色细节/颜色平滑度：** 对彩色噪点的降噪部分进行更细腻的调整。

> **提示** Camera Raw滤镜中的"锐化"功能一般在对图片进行"减少杂色"处理后使用一次，如果有需要，则还会继续使用。

2.3.1 降噪

降噪是指降低图片的噪点。噪点分为两种，第1种为彩色噪点，第2种为黑白噪点（明度噪点）。这两种噪点都是因数码相机的COMS/CCD 感光元件造成的。

黑白噪点与彩色噪点

黑白噪点并不是指在图片中呈现黑白色，而是指在同一画面中，像素区中的像素点的明度不一样。虽然黑白噪点使画面看起来比较杂乱，但是不会出现其他颜色的噪点，也比较容易理解并处理，而且它是后期处理过程中常见的噪点。

彩色噪点多显示为在RGB模式图片上的杂乱，由红色、蓝色和绿色3种噪点组成，给图片带来的影响比较大。

如何降噪

造成噪点的原因共有两点，分别是ISO感光度和曝光时间。ISO感光度越高，噪点越多；曝光时间越长，噪点越多。同理，在Photoshop中提高图片的"曝光"或"清晰度"时，图片中的噪点就会变得更加明显，调整"减少杂色"选项组中的参数就是我们所说的降噪。

黑白噪点的降噪处理

因为噪点是像素点，而像素块又非常小，所以需要先放大局部，再进行处理。下面这张原图基本是黑白噪点，只需要调整"减少杂色"选项组中的"明亮度"参数即可。对图片进行降噪的处理一定要适当，能刚好将图片中的噪点去除即可。在降噪的同时，也会降低图片的锐度，也就是降低"清晰度"，因此不可多调。除此之外，"减少杂色"选项组中的参数降低的是整张图片的噪点，会对图片的画质有所损伤，降低的数值越高，图片的质量就越差。

这里设置"明亮度"为70，这时画面变得干净了，同时也变得相对柔和与模糊了。给"明亮度"设置一个数值后，"明亮度细节"会自动调节为50。下面为调整前后的对比图，两者的区别非常明显。

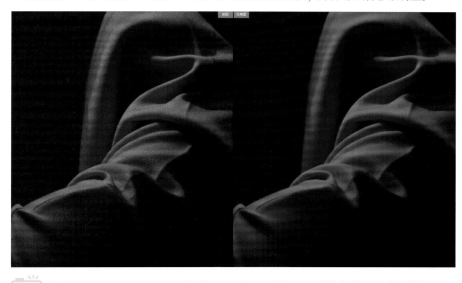 

提示 这张原图中并没有彩色噪点，因此不需要对"颜色"这个选项进行调整。另外，在大部分情况下，不需要调整"明亮度细节"和"明亮度对比"这两个参数，除非想要进行更加细致的调整。

彩色噪点的降噪处理

先对图片进行局部放大操作，这时画面不仅有很多彩色噪点，还有很多黑白噪点，如下图所示。因此需要对"减少杂色"选项组中的"明亮度"和"颜色"这两个选项进行调整。

设置"明亮度"为60，"颜色"为60，同时"明亮度细节"和"颜色细节"这两个选项会自动调节为50，因此不需要再进行调整。下图为调整前后的对比图，调整后的图片不仅黑白噪点变少了，而且彩色噪点也减少了。

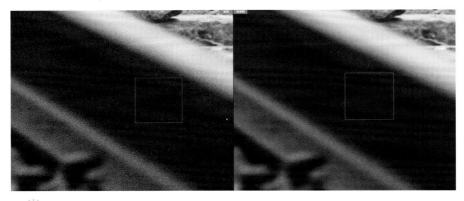

> **提示** 无论是调整"明亮度"，还是调整"颜色"，都只能对图片的整体色调进行调整，而想要对局部进行降噪，就必须使用蒙版进行处理。

2.3.2 锐化

在Photoshop中，对图片进行锐化的工具非常多，但是我更喜欢使用Camera Raw滤镜中的"锐化"功能来处理，而将"USM锐化"放在修图的最后一步。

📷 Camera Raw 锐化的优势

其他锐化功能大多数是对图片的整体进行调整，而整体锐化会增加图片的噪点。Camera Raw滤镜中的"锐化"可以对图片的局部进行锐化，这个局部不仅是指某一个区域，还包括图片中物体的所有边缘。例如，通过"减少杂色"对图片进行降噪处理后，一般会降低图片的清晰度，那么我们可以继续通过Camera Raw滤镜中的"锐化"来处理图片中物体的边缘部分。只需要对边缘地方进行锐化，"蒙版"的优势也就凸显出来了。

蒙版与局部锐化

"蒙版"是Camera Raw滤镜中进行锐化的精髓所在。如下面左图所示，当"蒙版"为48时，图片没有发生任何变化，因为蒙版处于不可见的状态，只有按住Alt键并拖曳"蒙版"选项上的滑块，图片才会显示出黑底白线的效果。这里出现的黑白效果正是使用了蒙版（黑色是隐藏部分，白色是显示部分）的效果。按住Alt键并拖曳"蒙版"滑块，当参数为10时图片中的白色部分越来越多，并且都在人物边缘处显示，如下面右图所示。

当"蒙版"为90时，画面中的白色越来越少，如右图所示。白色蒙版为显示区域，黑色蒙版为遮盖区域，图片中的白色线条像美术专业所说的勾勒边缘。这时增加锐化的"数量"就不再是锐化整张图片，而是对画面的白色蒙版区域进行调整，锐化的强弱则取决于"数量"值的多少。

当"数量"值保持不变，下图左为"蒙版"为85时的效果，下图右为"蒙版"为0时的效果。我们可以清晰地看出两者在效果上的区别，右侧手臂的锐化和清晰度要更高一些，但是手臂和袖口出现了非常明显的噪点。不过对比衣服的折痕，两者的锐化程度其实是一样的，这便是在锐化中使用"蒙版"的魅力。

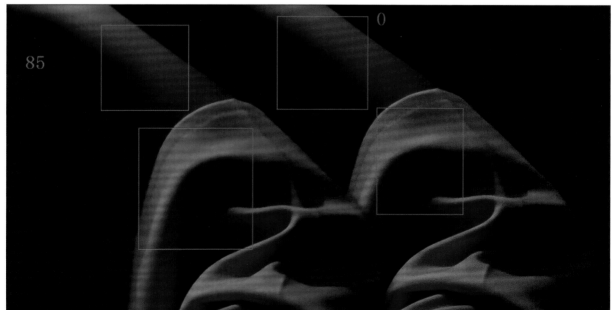

2.4 紫边与晕影

在前期拍摄时，镜头可能会产生一些不太好的效果，分别是紫边和晕影。紫边是指因拍摄过程中被摄物体的明暗反差较大，在明暗交界处出现的色斑，这与相机镜头的色散等也有关。晕影比较容易理解，它是指图片四周的暗角和黑边。紫边和晕影不一定在一张图片中同时出现，因此要根据具体情况有针对性地进行处理。

2.4.1 紫边

紫边是指画面中物体边缘产生了不属于画面内容的紫色线条。如下图所示，人物的手部和衣袖有非常严重的紫边，这是由于逆光拍摄所形成的，且大部分逆光拍摄的画面都会存在一些紫边，只是有些图片呈现出的紫边不严重或不明显，需要放大几倍后才能明显看出。其实不仅有紫边，还有绿边和蓝边等，产生的原因有很多，大部分是因为镜头本身不好、光圈过大或拍摄角度不合适等。

进入Camera Raw滤镜，紫边的调节由"镜头校正"面板中的"去边"选项组控制，如右图所示。

重要参数介绍

- **紫色数量：** 紫边的大小。
- **紫色色相：** 紫色的范围。
- **绿色数量：** 绿边的大小。
- **绿色色相：** 绿色的范围。

去除紫边的操作非常简单，只需要拖曳"紫色色相"的滑块，将数值提高，待选择了一个较大的范围后再提高"紫色数量"，图片中的紫边就全部去除了，但是可能会留下灰边。

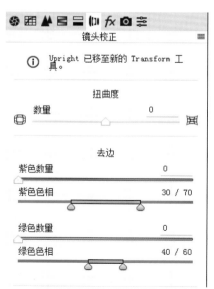

案例：去除紫边

» 素材位置：素材文件 > 第 2 章 > 案例：去除紫边
» 源文件位置：源文件 > 第 2 章 > 案例：去除紫边

📷 原片分析

这是一张逆光拍摄的图，想要焦外产生好看的光斑，在逆光环境下加上F1.4全开的光圈，画面就会有紫边，而且非常严重。紫边可以在Camera Raw滤镜的"镜头校正"面板中得到解决，接下来还需要使用"仿制图章工具" 📌 去除遗留的灰边。

提示 "仿制图章工具" 📌 的用法相对比较简单，在第3章中还会进行详细的讲解。

📷 操作步骤

01 进入Camera Raw滤镜，然后使用"缩放工具" 🔍 将图片放大并进行观察。接着单击"镜头校正"按钮 🔳 ，进入"镜头校正"面板，在"去边"选项组中设置"紫色数量"为9。这时会发现紫边消失了，却留下了非常明显的痕迹，这是因为紫边的面积太大造成的。

 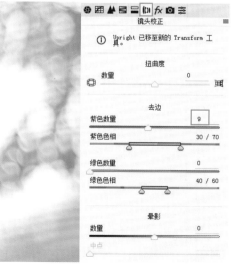

02 人物的手部和衣服上还残留了一些紫边，这时就需要调整"紫色色相"。设置"紫色数量"为19，"紫色色相"为19/88，这时图片中的紫边全部去除，只留下灰边。

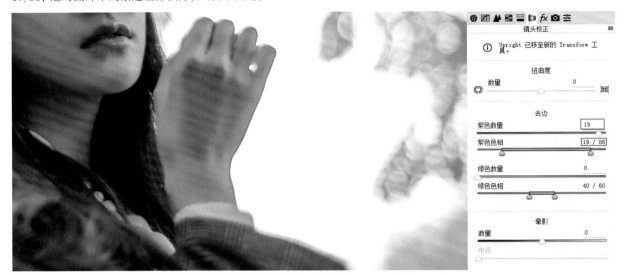

03 紫边去除后，还需要将灰边去掉。这里可以直接使用工具箱中的"仿制图章工具" ▲。选择"仿制图章工具" ▲，然后设置"大小"为102像素，"硬度"为32%，"不透明度"和"流量"均为100%。

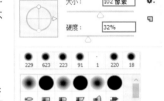

🔍 **问：为什么不直接用"仿制图章工具" ▲去除紫边？**

答：原因有两点：第1点，大部分图片在去除紫边后，基本用不到"仿制图章工具" ▲，除非是对图片追求完美的修图师才会使用；第2点，直接使用"仿制图章工具" ▲不容易涂抹到位，因此先去除紫边，再使用"仿制图章工具" ▲是较好的方法。

04 按住Alt键，待鼠标指针发生变化后（鼠标指针所在的地方就是需要仿制的地方），单击鼠标左键，接着松开Alt键，顺着皮肤的走向涂抹灰色痕迹，涂抹的地方就会变成仿制的地方。局部涂抹后的效果有些凹凸不平，但这不影响整体效果，因为图片缩小后就看不出来了。

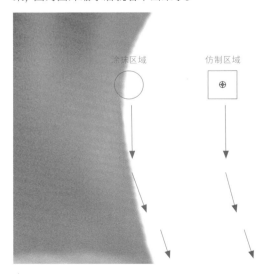

提示 去除紫边会对人的嘴边或脸颊产生影响。如下图所示，人物的嘴唇失去了原有的唇色，处理的方法就是使用"白蒙版"，然后用黑色画笔将下一个图层的嘴唇擦出来，使唇色还原。

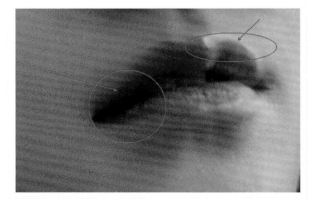

2.4.2　晕影

晕影也叫暗角，是指画面四周边缘较暗。下图是添加晕影前后的对比图，添加了晕影后，可以明显感到主体更加突出，天空的层次更加丰富。

进入Camera Raw滤镜，晕影的调节由"镜头校正"面板中的"晕影"选项组控制，如右图所示。

重要参数介绍

- **数量：** 控制晕影对画面亮度的影响。当"数量"为负数时，相当于增加暗角，使画面的四周变暗；当晕影的"数量"为正数时，相当于减少暗角，使四周变亮。
- **中点：** 指暗角在图片中所占的范围，暗角的范围越大，越往画面的中间靠近。

问：什么样的图片能加晕影，什么样的图片不能加晕影？

答： 添加了晕影后，图片呈现四周暗、中间亮的效果，因此能够突出画面的中心。有些图片添加了晕影后并不会起到美化的作用，相反有可能会非常丑，一般低调类的图片或背景比较杂乱的图片适合添加晕影。当然，画面的效果主要看大家的主观想法，大多数日系风格的图片不适合添加晕影。另外，有时也会根据实际情况适当减少晕影，如处理小清新风格的图片。

2.5　画面校正

在前期的拍摄过程中，我们得到的图片不一定是完美的，较为常见的问题就是由于相机镜头产生的画面畸变。广角镜头产生的畸变较为严重，整个画面处于拉伸状态。这类因镜头产生的画面畸变可以通过Camera Raw滤镜中的"镜头校正" 和"变换工具" 进行校正。

2.5.1　自动校正

进入Camera Raw滤镜，打开"镜头校正"面板，此时默认显示"配置文件"选项卡，如右图所示。勾选"删除色差"和"启用配置文件校正"两个选项后，系统将自动识别拍摄图片的机型和镜头，自动进行校正，使图片的变形没有那么夸张。如果校正的程度不够，那么还可以通过"扭曲度"进行调整。

"扭曲度"选项的扭曲原理可以参照球面的弧度。

①当"扭曲度"为0时，该图片为原片。

②当"扭曲度"为50时，图片呈现出类似"凹"的变形，四周多出空白像素。

③当"扭曲度"为-50时，图片呈现出类似"凸"的变形，多出的画面会被自动裁剪。

一般来说，处理RAW格式的图片时，当勾选"启用配置文件校正"后，会明显感觉到图片发生了"扭曲度"上的变化，这是因为Camera Raw滤镜会根据所使用的镜头参数，自动对图片进行校正，这种调整是轻微的。不建议手动调整"扭曲度"参数，以免因调整得不好而使图片变得更加难看。只要图片使用的不是大广角或类似鱼眼的镜头，需要调整的扭曲度并没有那么大。

2.5.2　变换工具

在Camera Raw滤镜的顶部菜单栏中单击"变换工具"按钮，右侧切换为"变换"面板，如下图所示。其中的选项都可以对图片进行校正。

重要参数介绍

自动 A：应用平衡透视校正。针对画面中所有的透视关系（包括水平和垂直）进行全自动校正处理。如下图所示，画面校正得还不错，对主体的影响比较小，只裁剪了脚部。

水平日：仅限水平校正。如下图所示，虽然图中的水平线都得到了校正，但是背景中的窗户还是倾斜的。通常在画面不平整的情况下使用该选项，如水平线的歪斜、海平面的歪斜等。

纵向⊞：可应用水平和纵向透视校正。我更习惯称其为"垂直"校正，因为应用该选项进行透视校正，画面的水平部分也会跟着变化，最后得到的效果与"自动"校正相似，如下图所示。

完全⊞：应用水平、横向和纵向透视校正。有些类似"自动"校正，"完全"校正是硬式校正，不会在意画面的平衡透视关系，只会将图片中的"横向"参考线强行平行，将"纵向"参考线强行垂直，校正力度比"自动"校正更大，如下图所示。

通过使用参考线Ⴤ：绘制两条或更多的参考线，以自定义透视校正。与前面的4种自动校正相比，该选项属于半自动校正。前面4种校正方式是Camera Raw滤镜在图中寻找参考线，而这种校正方式则需要操作者在画面中画出几条参考线（紫色和绿色虚线）来进行校正。这种校正方式多用于复杂的画面中，校正后的画面透视会比较准确，如下图所示。

提示 在本书中，"变换工具"Ⴄ中的功能并不常用，这里不作详细讲解，因为大多数问题通过"自动"校正方式就能解决。

2.6 调整画笔与径向滤镜

"调整画笔"✎和"径向滤镜"○就像Camera Raw滤镜中的"蒙版"一样,该功能可直接对需要改变的局部进行调整。虽然调整的范围只有Camera Raw滤镜中的几个基本参数,但是如果运用得好,那么就能快速且简单地得到想要的效果。

2.6.1 调整画笔

"调整画笔"✎是可以快速调整图像中"部分像素"的工具,在Camera Raw滤镜的顶部菜单栏中单击"调整画笔"按钮✎,可切换到"调整画笔"面板,如下面左图所示。其中的数值就是"基本"面板中的基本选项,因此必须先调整好数值,再使用画笔涂抹画面中的内容,使其达到我们想要的效果,如果涂抹后的效果不太好,那么可以再次调整数值。

"调整画笔"✎就是给你一个画笔,你可以给这个画笔设定数值,"调整画笔"面板与"基本"面板的参数相似,但是多了几个选项。其他选项不用仔细研究,主要注意"大小""羽化""自动蒙版""蒙版"这4个选项即可,如下面右图所示。

重要参数介绍

◀ **大小:** 画笔的大小。

◀ **羽化:** 画笔边缘的过渡。

◀ **流动:** 画笔的流量。

◀ **浓度:** 画笔的不透明度。

◀ **自动蒙版:** 画笔自动识别涂抹的范围。

羽化的用法

在"调整画笔"面板中增大"羽化"的数值，画笔就会出现两个圈，即虚线圈和实线圈，如下图所示。实线圈表示涂抹的范围，实线圈到虚线圈的距离便是虚化部分，羽化值越大，虚化的范围就越大。羽化选区内外衔接部分开始虚化内容，起到渐变的效果，从而达到自然衔接的目的。

自动蒙版的用法

"自动蒙版"是"调整画笔"面板中的"灵魂功能"，如果激活了"自动蒙版"，那么就能够自动识别画笔，并自动识别涂抹的范围，甚至是画笔不能到达的地方，一般根据"颜色"和"明度"这两个值进行区分。"自动蒙版"识别的重点在于"调整画笔" ✐ 的画笔，只要中间的"十"字不触碰到不需要涂抹的区域，一般来说是不会涂抹上的。也就是说，就算画笔涂抹到人物身上，只要画笔中间的"十"字没有涂到人物身上，就不会对人物产生影响。

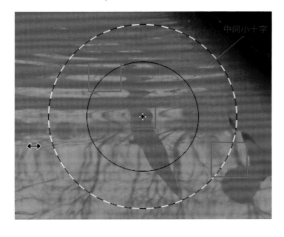

如果激活了"自动蒙版"，那么就可以使用画笔任意涂抹画面了，即使画笔触碰到人物，也不会对人物产生影响，如下面第1张图所示；如果未激活"自动蒙版"，那么就不会自动识别画面中的内容，人物和环境都会被涂抹，如下面第2张图所示。

在"调整画笔"面板的底部有一个方形色块，该功能可以选择蒙版所显示的颜色，通常选择自己喜欢的颜色即可。

提示　首次用"调整画笔" ✐ 调整参数时会显示为"新建"，用"调整画笔" ✐ 涂抹后显示为"添加"，若要擦除该部分需选择"清除"，如下图所示。

案例：降低天空的曝光

» 素材位置：素材文件 > 第 2 章 > 案例：降低天空的曝光
» 源文件位置：源文件 > 第 2 章 > 案例：降低天空的曝光

📷 原片分析

原片中天空缺少层次和细节，需要降低天空的曝光度。如果不想降低画面主体人物的曝光度，就可以用Camera Raw滤镜中的"调整画笔"工具 ✎，这样只会降低环境的曝光度，而保证主体人物不变。

📷 操作步骤

01 执行"滤镜>Camera Raw滤镜"菜单命令，进入Camera Raw滤镜，使用"调整画笔" ✎ 还原天空的层次前，需要先设置一个能够还原天空层次的参数。在"调整画笔"面板中设置"曝光"为-0.60，"对比度"为42，"高光"为-59，"阴影"为30，"白色"为43，"黑色"为-22，"清晰度"为10，"饱和度"为30。

02 设置"大小"为25，"羽化"为87，"流动"为50，"浓度"为100。

03 在涂抹天空之前，激活"自动蒙版"功能，然后选择"蒙版"所显示的颜色。

04 勾选"蒙版"后可以看到涂抹的地方，如果取消勾选"蒙版"，那么只能看到改变后的效果。因为改变的面积较小且只是影调上的改变，所以这里涂抹的痕迹并不是很明显。

05 对整个天空进行涂抹，通过勾选和取消勾选"蒙版"进行对比。

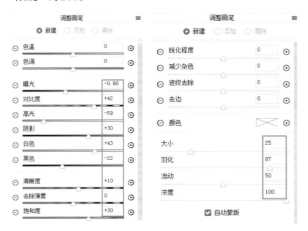

> **提示** 要想进一步还原天空的层次，可以调整"曝光"和"高光"两个选项，增加"对比度"和"白加黑减"都可以增大天空的反差。

2.6.2　径向滤镜

"径向滤镜" ○就在"调整画笔" ✒ 的旁边，是Camera Raw滤镜的顶部菜单栏中的最后一个功能，如下图所示。

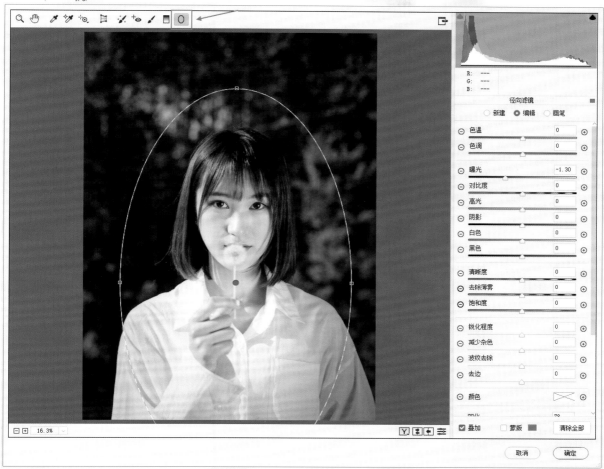

"径向滤镜" ○和"调整画笔" ✒ 其实没有非常大的区别，所能调整的选项类似，只是画笔发生了变化。"径向滤镜" ○的画笔是一个可以拉出径向的"圆形"范围，而不再是自己画出想要调整的部分。当然，"径向滤镜" ○还有一个特点，那就是当选择了一个可变的范围后，我们能选择对范围的"内部"或"外部"进行调整。如果设置的是"外部"，那么就是对"圆形"外部进行参数的调整；如果设置的是"内部"，那么就是对"圆形"内部进行参数的调整。

提示　"径向滤镜" ○常用于调整人物的眼睛。框选眼睛，待调整好范围后，设置"效果"为内部，就可以调整眼睛了，如下图所示。

案例：让眼睛更有神

» 素材位置：素材文件 > 第 2 章 > 案例：让眼睛更有神
» 源文件位置：源文件 > 第 2 章 > 案例：让眼睛更有神

原片分析

放大图片观察眼部，发现眼睛暗淡无光，而且眼白太灰，导致眼睛无神，看起来缺少灵气，需要对眼睛进行调整。

操作步骤

01 复制一个图层，执行"滤镜>Camera Raw滤镜"菜单命令，进入Camera Raw滤镜，然后单击"径向滤镜"按钮O，并在眼睛部位画一个椭圆，接着在"径向滤镜"面板中设置"曝光"为1.20，"对比度"为36，"高光"为17，"阴影"为43，"白色"为11，"黑色"为-30，"清晰度"为13，"饱和度"为-29，"羽化"为83，"效果"为"内部"。

提示 在调整眼睛时，眼睛容易发红并出现红血丝，需要通过降低"饱和度"来调整红色。另外，为了让眼珠部分更有层次（眼白更白、眼珠分明），还需要提高"清晰度""高光""白色""对比度""阴影"。

02 按照同样的参数对另一只眼睛进行处理。

03 调整后的眼睛显得不够自然，设置该图层的"不透明度"为26%，将眼部的效果压一下。

第 3 章

日系少女的皮肤

- 了解皮肤具有的质感
- 掌握去瑕疵的 3 种工具
- 掌握磨皮的 3 种方法

基于调整好的影调，我们得到了一幅层次和细节都很不错的画面。按照修图的一般流程，本章将学习日系人像中少女的皮肤应该如何处理。通过了解日系人像中少女的皮肤应该具有的质感，学会塑造通透且干净的皮肤。我们将从去瑕疵和磨皮两个方面来讲解。在处理皮肤的过程中，我们将会频繁用到磨皮工具，并将其应用到不同的工作环境。磨皮的操作思路和工作流程大同小异，读者只需要牢记这一操作过程即可。

3.1 认识皮肤

日系人像所呈现的皮肤质感不同于其他风格的人像，了解好的皮肤状态是学习磨皮的前提。

3.1.1 什么样的皮肤才算完美

在学习调整皮肤之前，我们要先清楚什么样的皮肤是日系人像中的少女应该具备的，什么样的皮肤才算完美的。我认为完美的皮肤需要具备以下两种特质。

📷 干净

皮肤的干净程度体现在皮肤上有无杂物或是否有阴影块。在客观上，皮肤不好是由拍摄环境的差异造成的，如在光线比较复杂的情况下，面部的影调可能让皮肤看起来显脏；在主观上，是受到皮肤质量的影响，或许是模特的皮肤比较差，又或许是妆面没有涂抹好等。

当然，针对上述原因，有一些是可以在前期注意并规避的。

📷 通透

衡量皮肤是否好看还有一个重要的标准，那就是皮肤的通透性。皮肤"干净"不等于"通透"，皮肤的通透主要是形容一个人的肤色，如我们常常形容一个人的皮肤水润、有光泽，或夸赞一个人的面色红润、健康、富有生气等。因此，皮肤的通透与否大多是通过感官感受到的一种心理上的标准，既与标准的高低有关，又与我们的审美有关。当然，皮肤是否通透一定是在面部皮肤干净、白皙的基础上来衡量的。也就是说，皮肤的通透与质感、亮度等有关，我们既可以通过磨皮来增加皮肤的质感，又可以通过提高曝光度和采取调色等手段改变人物的气色。

> **提示** 干净而通透的皮肤也与画面相互影响，并不是通过单一的处理就能够完成的。本章讲解的只是对皮肤质感进行调整，后期还会学习通过调整肤色改变皮肤的通透性，以及环境色对肤色和皮肤通透性的影响。

3.1.2 日系人物皮肤的质感

下面以知名日系摄影师滨田英明的作品为例，对日系人物皮肤的质感和特点进行分析。之所以将滨田英明的拍摄风格作为分析对象，是因为他能将日系风格与艺术、商业适度地融合在一起，拍摄出具有浓厚日系风格并带有思想和艺术性的商业片。大家可以学习滨田英明的图片风格，然后通过Photoshop来模仿他在图片中处理皮肤细节的方法，模仿图片中那令人着迷的肤色。

滨田英明处理的图片给人的感觉就是"干净"，这种"干净"不仅是指画面干净，还指人物的面部皮肤干净、清透、有质感，如下图所示。

仔细观察滨田英明的作品可以发现，他每张图片中人物的皮肤并不都是一样的，甚至有很大差别。这是因为人物所处的环境不一样，人物的皮肤会受环境色的影响。大家要活学活用、灵活处理。接下来将日系皮肤质感的调整技法拆分成干净的皮肤和通透的肤色两部分来讲解。

干净的皮肤如何模仿

　　将皮肤的瑕疵处理干净，并不是指疯狂地磨皮，而是需要处理好皮肤的质感。另外，在处理日系人像的皮肤时，"过亮而不曝"是非常重要的，即必须给皮肤增加足够的曝光。当然，我们还要根据图片的风格和环境来决定是否"过亮而不曝"，并不是所有的日系皮肤都一定要提亮。想要一张人像图片（特别是女生照）好看，并能受到大众的喜爱，那么"干净"一定是人像图片的特点。

通透的肤色如何模仿

　　干净的皮肤需要具有舒服且通透的肤色，这说明肤色并不是指单一的颜色，而是受到多方面因素的影响，才会显现出真实的效果，这种"真实"就是通透的体现。如下图所示，在面部的高光部分添加一点微蓝色，阴影则以黄绿色为主，中间以浅红色过渡，这种效果的肤色非常漂亮。此外，头发也并不是单纯的黑色，而是添加了一点青蓝色，可以看出画面的层次是通过颜色来体现的。用Photoshop来模仿这种胶片质感的肤色并不难，但一定要花时间来学习。

提示 关于肤色的调整将在第5章学习，本章只学习处理皮肤的瑕疵和磨皮。

3.2 处理皮肤的第一步：去瑕疵

　　根据日系人像皮肤的特点，接下来学习如何将皮肤处理干净，这是在磨皮前非常重要的一个步骤。我们可以将处理皮肤分为整体和细节两部分，一般先调整细节，即处理有明显瑕疵的地方，如脸上的痘痘、伤疤等。将一张图片放大，可以从人物的面部特写中看到瑕疵部分，我们对其进行处理，即可看到面部光滑、平整了许多，如下图所示。这些瑕疵就是我们在拿到一张图片后需要对皮肤进行初步调整的内容，即对人物进行修脏、修瑕处理。

在Photoshop中，处理瑕疵的工具有很多，但是好用的工具有"污点修复画笔工具"✎、"修补工具"❀和"仿制图章工具"♨，下面进行逐一说明。

3.2.1 污点修复画笔工具

- **工具介绍：** 修复污点（快捷键为J）。
- **重要指数：** ★★★
- **操作方式：** 在"内容识别"模式下进行单击操作。
- **应用场景：** 去痘、去发丝。

在工具箱中单击"污点修复画笔工具"按钮✎，这时"类型"默认为"内容识别"。调整画笔的大小（大小需稍大于瑕疵），并将画笔移动到瑕疵部位，单击即可对该部位进行修复。

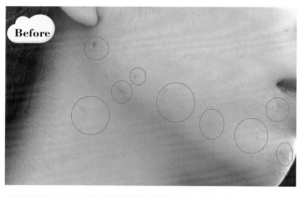

问："污点修复画笔工具"这么好用，没有缺点吗？

答： 当使用"污点修复画笔工具"✎并通过"内容识别"对边缘处的瑕疵进行处理时，很容易造成识别失误。如下图所示，人物的鼻子边缘处有一个小黑点，使用"污点修复画笔工具"✎后，边缘产生了残缺。由此可知，"污点修复画笔工具"✎不可以处理边缘处的瑕疵。当然它的优势也是显而易见的，在祛痘上是非常好用的工具，同时操作较为简单，也能提高修图的效率。

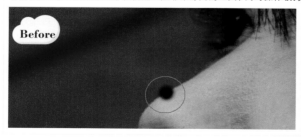
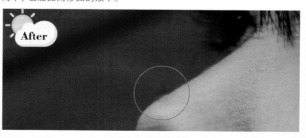

3.2.2 修补工具

‹ **工具介绍**：创建选区并修补选区内的图像（快捷键为 J）。
‹ **重要指数**：★★★★★
‹ **操作方式**：画出选区，并拖曳到取样区域。
‹ **应用场景**：去痘、去瑕疵、修补皮肤、去阴影。

在工具箱中单击"修补工具"按钮 ⚙，可通过绘画的方式创建一个选区，然后将鼠标指针移动到选区边缘，待鼠标指针出现箭头符号时拖曳选区到干净的皮肤上，松开鼠标即可完成操作。

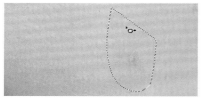
创建选区

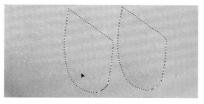
移动选区

处理后效果

"修补工具" ⚙ 比"污点修复画笔工具" ✐ 更灵活。使用"修补工具" ⚙ 不仅可以根据需要建立选区或仿制选区，还可以调整明暗关系，如淡化"法令纹"、去除"黑眼圈"等。

> **提示** 不要在同一块区域多次使用"修补工具" ⚙，多次使用该工具容易使画面变脏，所以我们能一次解决的问题就一次性解决。如果使用"修补工具" ⚙ 将画面变脏而无法复原，那么我们可以降低该图层的"不透明度"，再复制一个新图层来解决这个问题，之后继续使用"修补工具" ⚙，画面就不会那么脏了。

案例：淡化法令纹

» 素材位置：素材文件 > 第 3 章 > 案例：淡化法令纹
» 源文件位置：源文件 > 第 3 章 > 案例：淡化法令纹

📷 原片分析

　　人们在微笑的时候常常会显现一些皱纹，当面部的动作比较大时，即使是年轻的少女也无法避免。本例的情况其实不需要过多的处理，因为少女的皮肤状态本身就很好，我们只需要将过度伸展的法令纹稍微淡化即可。但是在处理的过程中要注意面部完全没有法令纹也是不对的，所以需要有意识地去塑造法令纹，否则面部会失去质感。

📷 操作步骤

01 复制一个图层，使用"修补工具"⚙选择右侧的法令纹。

02 将选择的选区往干净的皮肤拖曳。

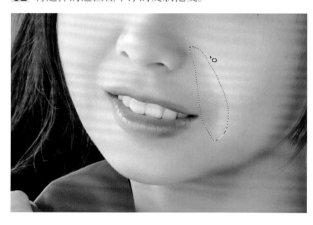

03 使用"修补工具"⚙选择左侧的法令纹，并将其往干净的皮肤拖曳。

04 使用"修补工具"⚙选择颜色较深的皮肤，并将其往干净的皮肤拖曳。

05 调整后的皮肤看起来一丝皱纹也没有，太过光滑容易使面部显得太"假"。将这个图层的"不透明度"降低到一个合适的数值时，阴影便会隐隐出现，这样的纹路才更为真实。

3.2.3 仿制图章工具

◆ **工具介绍**：将所选择的部分仿制到想仿制的区域上（快捷键为 S）。

◆ **重要指数**：★★★★

◆ **操作方式**：按住 Alt 键的同时选择取样区域，然后涂抹需要被仿制的区域。

◆ **应用场景**：去瑕疵和阴影块。

在工具箱中单击"仿制图章工具" 👤，按住 Alt 键时鼠标指针变成"仿制"模式，这时单击选择的取样区域，即可完成采样（区域的大小由画笔的大小决定）。松开 Alt 键，涂抹需要被仿制的区域，那么该区域即被取样区域覆盖，如右图所示。

> **提示** 图中的"＋"是按住 Alt 键采样的部分（取样区域），"圆圈"就是画笔的位置。

案例：处理面部不干净的阴影块

» 素材位置：素材文件 ＞ 第 3 章 ＞ 案例：处理面部不干净的阴影块
» 源文件位置：源文件 ＞ 第 3 章 ＞ 案例：处理面部不干净的阴影块

📷 原片分析

原图做了简单的处理，也去掉了脸上的瑕疵，但是人物的面部不算干净，有一些不太好看的阴影。在光线不均匀时，很容易使脸部产生杂乱的阴影，图中圈出的部位都是需要使用"仿制图章工具" 👤处理的。

🔍 问：什么是不好看的阴影？

答：不好看的阴影是指光线投射到皮肤上产生的不规则阴影，如受到复杂的光线或骨骼和肌肉的影响等都会形成不好看的阴影。此外在正常的情况下，使用"修补工具" 🩹去脏容易影响皮肤的质感，留下不干净和不自然的画面，这些也是我们需要处理的地方。因此使用"仿制图章工具" 👤处理阴影块应该在使用"修补工具" 🩹处理皮肤之后，最好在使用"修补工具" 🩹阶段就能将皮肤处理干净（如痘痘、痣、斑和个别不好看的阴影块），如果处理不掉，那么再使用其他工具处理。

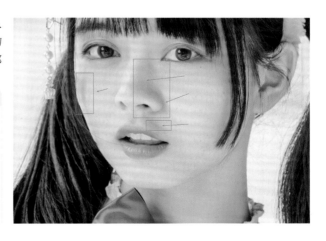

◯ 操作步骤

01 复制一个图层，在工具箱中单击"仿制图章工具"按钮👤，在选项栏中设置"模式"为"变亮"，"不透明度"为35%，"流量"为40%。然后按住Alt键并单击周围干净、正常的皮肤，接着涂抹鼻翼的阴影块。

02 按住Alt键并单击周围干净、正常的皮肤，然后涂抹嘴边的阴影块。

03 按住Alt键并单击周围干净、正常的皮肤，然后涂抹脸颊的阴影块。

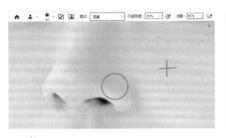 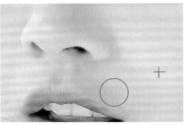 

提示 我们的目的是消除不好看的阴影块，如果此时的"仿制"模式是正常的，会将采样的所有内容直接仿制过来，而这里我们需要仿制的是"亮度"，只要取样区域的亮度达到正常的亮度，那么不干净的阴影块就会消失。另外，为了让涂抹的内容更加自然，必须降低"不透明度"和"流量"的数值。

04 使用"仿制图章工具"👤涂抹阴影块后，不好的阴影已经消除得差不多了。为了让效果更加自然，需要将该图层的"不透明度"降低到70%，达到中和原图的效果。

提示 若是处理面部高光，应该将"模式"设置为"变暗"，然后涂抹皮肤反光的高光处。

3.3 处理皮肤的第二步：磨皮

　　根据日系人像的皮肤特点，对一张人像图片进行修脏和修瑕处理后，可初步修饰皮肤的缺陷，接下来就可以对皮肤的整体进行调整，即磨皮。与去瑕疵不同，磨皮不是通过去除某个显而易见的瑕疵来美化皮肤的，而是对皮肤的质感进行调整，简单来说就是让皮肤变得光滑，在视觉上改变五官或面部的结构等。

3.3.1　手动磨皮：高反差磨皮

　　磨皮的方法有很多，高反差磨皮只是其中一种磨皮方法。高反差磨皮既能去除皮肤上的明显瑕疵，又能保留皮肤的细节，如下图所示。处理后的皮肤状态得到明显的改善，也更加通透了，人物的气色也得到改善。

　　高反差磨皮就是将影像分为高和低的频率，高频的信息包括细节、皮肤纹路、头发和疤痕等，而低频的信息包括大面积的颜色、色调等。至于"高反差保留"就是把两者分开来编辑，在不影响色调的情况下也能改善皮肤质感，在不影响纹理的情况下也能修正肤色。所以在处理上比简单的修复笔刷等工具获得的效果更精细。我们将上述图片放大观察，如下图所示。右侧就是使用高反差保留后的皮肤状态，能较大程度地保留面部的细节，同时还能去除面部的瑕疵。

案例：高反差磨皮

» 素材位置：素材文件 > 第 3 章 > 案例：高反差磨皮
» 源文件位置：源文件 > 第 3 章 > 案例：高反差磨皮

📷 原片分析

这是一张非常具有代表性的图片，脸上的斑点正是我们需要去掉的对象，并且要尽可能地保留面部的细节。

📷 操作步骤

01 复制一个图层，然后按快捷键Ctrl+I对复制后的图层进行反相。

02 选中复制后的图层，设置"混合模式"为"叠加"。

03 执行"滤镜>其他>高反差保留"菜单命令，打开"高反差保留"对话框，设置"半径"为20.8像素。

04 执行"滤镜>模糊>高斯模糊"菜单命令，打开"高斯模糊"对话框，设置"半径"为2.0像素。此处"半径"要设置为较小的数值，原本"高斯模糊"是模糊画面，但之前进行了反相，这里的高斯模糊就变成了锐化画面。

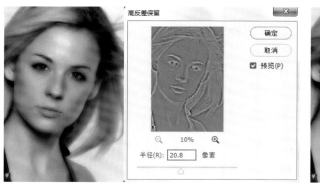 

> **提示** 为"半径"设置一个合适的数值非常重要。看不到脸上的瑕疵，但是能看到其中的层次和细节，这样的数值才是合适的。

05 按住Alt键并单击"添加图层蒙版"按钮 ▣，添加"黑蒙版"。

06 使用白色画笔擦出画面中所有露出的皮肤部分，由于五官和头发不在磨皮的处理范围内，因此不用擦出（鼻子可以擦鼻梁部分）。

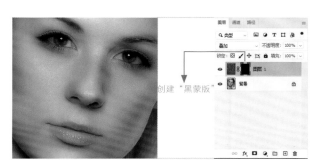 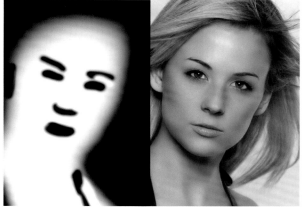

> **提示** 对于高反差磨皮来说，只需要注意"高反差保留"和"高斯模糊"的"半径"参数，以及最后蒙版擦拭的部分。俗话说，熟能生巧。没有人第一次就能调好，要多加思考磨皮的思路并感受效果的变化。

3.3.2 快速磨皮：插件 Portraiture

高反差磨皮属于手动磨皮，对初学者来说不太好掌握，处理效果也不够好。在大部分情况下，我们需要处理的皮肤质量并没有那么糟糕，这时可以考虑使用磨皮插件进行自动磨皮。推荐使用Portraiture，因为它高效、快捷，并且操作后的效果非常自然。

📷 适合与不适合用磨皮插件处理的情况

我根据自己的经验，分析了几种适合和不适合使用磨皮插件的情况。

适合使用磨皮插件处理的情况

（1）修套图时。在需要一次性修一组图片的情况下，非常适合使用磨皮插件，因为这样能节省时间，提高工作效率，并且效果也很好。

（2）修"糖水片"时。"糖水片"对皮肤的质感和还原程度的要求不高，使用磨皮插件甚至比手动磨皮效果更好。

（3）大部分日系图片都可以使用磨皮插件快速进行处理，尤其是对初学者来说，这无疑是一个福音。使用磨皮插件磨皮也是需要诀窍的，必须要掌握磨皮的度，数值不可过高或过低。否则就会修出质感和效果都特别"假"的"塑料皮"。"塑料皮"是磨皮过度造成的，这种皮肤没有细节和层次，也没有颗粒感。下面对皮肤的磨皮程度进行对比，以便读者理解。

原图

"塑料皮"

刚好合适

不适合使用磨皮插件处理的情况

（1）皮肤太差的人像图片不适合使用磨皮插件。因拍摄角度或光线位置等因素导致人物的面部皮肤非常差，那么就只有通过手动调整才能达到更好的磨皮效果。

（2）商业片不适合使用磨皮插件处理，必须通过手动磨皮。商业片对皮肤质感的还原程度要求很高，磨皮插件很难达到商业级的质感。

📷 认识 Portraiture 滤镜

执行"滤镜>Imagenomic>Portraiture"菜单命令，即可打开"Portraiture"对话框。我们只需要在其中设置"预设""肤色蒙版""蒙版预览"，如下图所示。

重要参数介绍

预设： 如果"默认"状态的皮肤不够好，可依次选择"平滑：正常""平滑：中等""平滑：高"。

肤色蒙版： 肤色蒙版是磨皮插件中很重要的部分。我们以肤色色相的明度区间为蒙版来设置肤色，因为这样磨皮只会磨到皮肤，不会磨到皮肤外（如果皮肤以外的颜色与肤色相同，那么也会被磨到）。使用肤色蒙版只需要注意两个吸管工具，分别是"拾取蒙版颜色" 🖋 和"扩展蒙版颜色" 🖋。

蒙版预览： 可看到选中的皮肤蒙版，一般来说只显示面部、四肢和部分环境。如果环境部分显示得比较多，那么就意味着这张图的大部分内容都被磨到，从而降低画面的清晰度（这个问题可以通过蒙版来解决）。

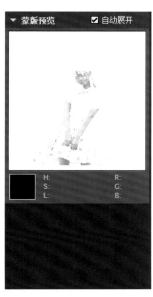

案例：用磨皮插件磨皮

» 素材位置：素材文件 > 第 3 章 > 案例：用磨皮插件磨皮
» 源文件位置：源文件 > 第 3 章 > 案例：用磨皮插件磨皮

📷 原片分析

原图已经使用了"修补工具"🔘进行过简单的处理，我们需要注意即使使用磨皮插件，也要先完成"去瑕疵"的基础皮肤处理。放大图片后，可以看出皮肤还是有点"脏"，磨皮插件适合处理看上去比较不错的皮肤，它能起到锦上添花的作用。

📷 操作步骤

01 复制一个图层，执行"滤镜>Imagenomic>Portraiture"菜单命令，打开"Portraiture"对话框。单击底部的🔲，将画面放大至50%，以便观察人物的面部皮肤。由于人物的皮肤比较好，因此"预设"保持"默认"即可。切记皮肤不可磨得太过。

02 单击"拾取蒙版颜色"  吸管工具，然后将鼠标指针移动到皮肤上，吸取皮肤的中间调。

03 单击"扩展蒙版颜色"  吸管工具，然后吸取与肤色不一样的地方，如颜色较深的脖子、脸颊或面部阴影。

提示 皮肤的中间调是皮肤颜色面积最大的地方，大部分在脸颊上。

04 观察"蒙版预览"中的内容，白色为不进行磨皮的地方，而显示出来的肤色就是被磨过的地方，可以看出这里已经避开了人物的眼睛和嘴巴。

05 单击"确定"按钮，快速完成对人像的磨皮。

3.3.3　商业磨皮：中性灰

　　中性灰是商业磨皮方法，通常需要将像素级图片放大，对画面中的每一个像素点进行磨皮，这些像素点需要经过非常细致的调整，短则几个小时、长则几天才能修出一张"完美"的商业级图片。高效应该是我们在日常修图中的追求，没必要花几个小时来"磨"一张日系人像图片，所以我们通常使用"中性灰"来修容，改变面部的受光部分或提高面部的质感。

📷 认识修容

　　女生对修容并不陌生，修容是通过加深脸部的阴影或提高脸部的亮度来调整五官和面部的结构，如增加鼻影和脸影等。这个调整属于视觉上的改变，不属于真的整容。当然，在学习使用"中性灰"修容之前，我们还要了解面部的哪些地方需要提亮，哪些地方需要变暗。

涂抹"白色"即需要"提亮"的部分，涂抹"黑色"即需要"变暗"的部分。会化妆的女孩可能一下子就能明白，就像化妆步骤中的"修容"一样，通过高光笔给鼻梁、下巴和额头增亮，用深色阴影给鼻梁两侧、脸颊降低亮度。

如上图所示，变亮和变暗的过程就是增加对比，从而增强面部的立体感，这就是我们需要通过"中性灰"进行修容的原因。

中性灰的磨皮原理

用"中性灰"磨皮就是在叠加的灰色图层上使用画笔对其进行"减淡加深"，从而增加或降低局部的曝光，下面演示中性灰的磨皮原理。在新建的空白图层上按快捷键Shift+F5，然后填充50%灰色，接着设置"混合模式"为"柔光"，此时图层就像透明的一样，对背景图层没有任何影响。

使用"画笔工具" ✐.在面部涂抹，用白色画笔涂抹表示提亮肤色，用黑色画笔涂抹表示加深皮肤的阴影。下图是为了显示效果，将图层的混合模式切换为"正常"模式下所涂抹的内容。

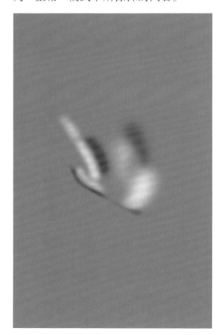

提示 "柔光"的作用就像聚光灯一样，照射后的图片不会发生任何变化。

在涂抹的时候尽量涂"重"一点，因为最后要降低中性灰图层的"不透明度"，从而中和画面，使其更加自然。如果涂抹得太淡，那么不容易呈现出效果，而反复使用"中性灰"则容易弄脏画面。将图层的"混合模式"继续切换到"柔光"，这时50%灰的内容不显示，但是被画笔涂抹过的地方会在面部表现出来。

提示 使用中性灰要注意3点：第1点，画笔要顺从皮肤和肌肉的走向；第2点，不要拖笔，也不要连笔，这就和素描一样，画一笔就是一笔；第3点，画笔参数切勿调高，不然很容易使画面变脏，使皮肤的饱和度不统一。

案例：增强皮肤质感

» 素材位置：素材文件 > 第 3 章 > 案例：增强皮肤质感
» 源文件位置：源文件 > 第 3 章 > 案例：增强皮肤质感

📷 原片分析

人物的皮肤质量和五官都是比较好的，但是面部稍微平整了一点，并且缺乏立体感，导致不能立刻抓住我们的眼球。这是因为高光部分不够亮，暗处也不够暗。如果能解决上述问题，那么人物的五官会更加清晰、饱满，将会呈现出更加明艳、动人的观感。主要调整下图所示的几个地方，并通过"中性灰"来对面部的皮肤质感进行增强，让面部更加水润、白皙。

📷 操作步骤

01 在"图层"面板中单击"创建新图层"按钮🔲，新建一个空白图层，并命名为"中性灰图层"。

02 为"中性灰图层"填充50%灰色，按快捷键Shift+F5打开"填充"对话框，然后设置"内容"为"50%灰色"，单击"确定"按钮 确定 。接着设置"混合模式"为"柔光"，此时图片没有任何变化。

03 选择工具箱中的"画笔工具"✏️，然后设置"前景色"为白色，"背景色"为黑色。接着在选项栏中设置画笔的"硬度"为0%，"不透明度"为15%，"流量"为20%。用白色画笔涂抹人物面部需要被提亮的部分。

提示 如下图所示,将"中性灰图层"的"混合模式"从"柔光"切换为"正常",并降低"不透明度",方便大家观察提亮了哪些区域。

提亮鼻梁

提亮颧骨的
周围

提亮下巴

04 "压暗"就需要切换画笔了,按快捷键X将"前景色"切换为黑色,"不透明度"和"流量"仍然保持不变,箭头所指的位置即重点"压暗"的部分。

提示 如下图所示,将"中性灰图层"的"混合模式"从"柔光"切换为"正常",并降低"不透明度",方便大家观察压暗了哪些区域。

压暗鼻梁两侧

压暗脸颊两侧

05 因为面部被涂抹过,所以显得不太自然,也就是看起来显"脏",这个现象是正常的。并不是到上述步骤后"中性灰"磨皮的处理就结束了,之后还有一个非常重要的步骤,即降低图层的"不透明度"。当"不透明度"为100%时,"背景"图层显示的是我们涂抹过的完整内容,此时画面显得比较脏;当"不透明度"为75%时,"背景"图层显示的是我们涂抹过的大部分内容,此时画面显得稍微好点;当"不透明度"为50%时,"背景"图层显示的是我们涂抹过的一半内容,此时就显得比较自然,该状态下的皮肤即为我们需要的质感。

提示 设置"不透明度"的数值没有具体的标准，应该根据图片的内容或凭自己的"感觉"来设置。当"中性灰图层"与"背景"图层相互融合，画面显得自然，并且看不出"假"的感觉时，就是合适的效果。

问：什么叫作笔触的方向？

答： 笔触的方向就是根据肌肉和骨骼的走向对画面进行涂抹，并不是像蜡笔画一样乱涂。建议大家在用"中性灰"磨皮的时候不要"拖笔"（也就是按住鼠标不动来涂抹），而是按照下图所示的"箭头"方向来表现笔触的方向。我们在涂抹的过程中需要一笔笔地去画，每一笔都要有方向性。

第 4 章

美化少女的体态

- 认识液化工具
- 面部和五官的液化思路
- 身体的液化思路
- 主体与画面的平衡

修形是对人物的头部和身材进行外形上的调整，其根本目的是美化人物，其中美化的是人物自身或因拍摄角度导致的缺陷等。当然，过度的修形会使人物与原本的样貌大不相同，这违背了以自然和真实打动人的日系写真人像的原则，所以夸张的修形不适合处理日系写真人像。

由于人体结构的复杂性，人像的修形并不像我们想象得那么简单（尤其是女性），我们需要了解一定的人体结构基础知识，并具备良好的审美意识，借助液化工具来实现美化的目的。

4.1 认识液化工具

　　液化是Photoshop中的一个滤镜，通过这个滤镜，我们可以对画面中的任何图案进行形态上的调整，本书仅针对人像的液化进行讲解。执行"滤镜>液化"菜单命令（快捷键为Shift+Ctrl+X），打开"液化"对话框，如下图所示。液化工具是一系列用于对人物的五官、身体等进行修饰的工具的统称，可见实现液化效果的工具有很多，并且不同的工具也有不同的特点，这些工具都排列在工具箱中，激活相应的工具后，可在"属性"栏中查看这个工具的属性。

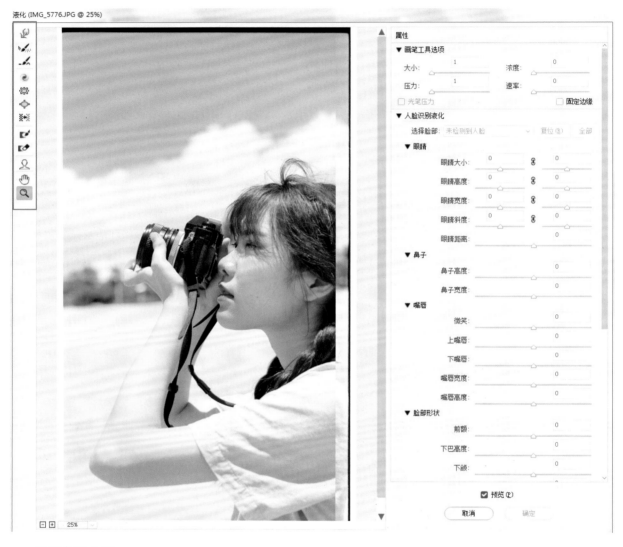

重要参数介绍

‹ **大小：** 画笔的大小，一般不进行精确的设置，调整到大致范围即可。

‹ **压力：** 液化的力量程度。

‹ **浓度：** 从画笔中间到边缘的强度过渡，类似普通画笔中的"羽化"参数。

‹ **速率：** 自动工具变换的速度。

提示 注意液化工具的快捷键容易和计算机中其他软件的快捷键起冲突。

液化工具的操作都非常简单，在激活相应的液化工具后，会出现一个类似"画笔工具" ✎ 的画笔符号，因此它们的使用方法也与画笔相似，在需要调整的部位涂抹即可（需要朝哪个方向挤压，就朝哪个方向拖曳鼠标）。在本书中仍然以红色箭头表示鼠标需要运动的方向，箭头的方向和长短表示液化时的方向和力度。

4.1.1　向前变形工具

- **工具介绍：** 改变形态最基础的工具（快捷键为 W）。
- **重要指数：** ★★★★★
- **操作方式：** 向液化方向拖曳。
- **应用场景：** 大部分变形处理，如瘦脸、瘦身等。

如下图所示，"向前变形工具" ✎ 是将画笔圈中的图案向拖曳的方向变形，通常用于液化脸形、五官或收腰提臀等，是非常常用的工具，读者必须熟练掌握。

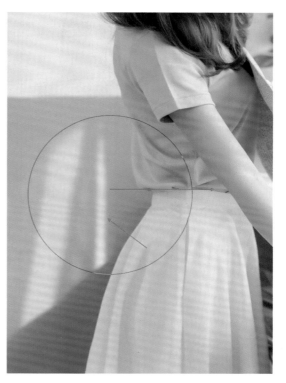

4.1.2　重建工具

- **工具介绍：** 还原被液化变形的部位（快捷键为 R）。
- **重要指数：** ★★★★
- **操作方式：** 涂抹需要还原的部分。
- **应用场景：** 液化变形操作失误后还原原图。

当图片中的某些地方受到液化工具的影响并发生歪斜时，使用"重建工具"🖌就能还原到变形操作之前的样子，如下图所示。

4.1.3　平滑工具

‹ **工具介绍：** 处理液化后不平整的面（快捷键为 E）。
‹ **重要指数：** ★★★★
‹ **操作方式：** 涂抹被液化变形不均匀的地方。
‹ **应用场景：** 所有液化边缘不均匀的场景。

使用"向前变形工具"🖌等变形工具时，如果操作不当，很容易使边缘不平整（特别是在液化面部的时候）。这个时候就可以使用"平滑工具"🖌获得平滑且自然的面，如下图所示。

提示　"平滑工具"🖌和"重建工具"🖌有些类似。相比之下，"平滑工具"🖌可以有选择地还原之前的操作，从而获得一个更加平滑的面，而"重建工具"🖌只是单纯地将所有操作后的效果还原。

4.1.4 膨胀工具

◁ **工具介绍：** 将画面中的内容变大（快捷键为 B）。

◁ **重要指数：** ★

◁ **操作方式：** 单击操作。

◁ **应用场景：** 设计与特殊效果制作中，偶尔可以制作搞怪的大头效果。

"膨胀工具" ⬖ 可以实现放大效果。调整好画笔的大小后，将画笔放到头部的中间位置并按住鼠标左键，放大画笔内的物体，就可以制作出搞怪的大头娃娃效果。

提示 画笔的"浓度"建议设置为100。

4.1.5 左推工具

◁ **工具介绍：** 将画面的内容向左或向右推动（快捷键 O）。

◁ **重要指数：** ★★★

◁ **操作方式：** 向液化方向拖曳，按住 Alt 键切换推动的方向。

◁ **应用场景：** 瘦四肢。

"左推工具" ⁂ 的实用性稍高一些，常用于液化四肢。下图中的实线箭头是画笔运动的轨迹，虚线箭头是被"推"的方向。

4.1.6　冻结蒙版工具

◇ **工具介绍:** 冻结部分画面, 使其不受任何变形工具的影响 (快捷键为 F/D)。

◇ **重要指数:** ★★★★★

◇ **操作方式:** 按住鼠标左键并擦拭需要被冻结的部分。

◇ **应用场景:** 防止更改冻结的区域。

　　"冻结蒙版工具" 是一个比较常用的工具, 在液化的时候经常会遇到两个不一样的物体, 而其中一个物体 (如墙面、椅子等) "必须是直线", 那么这类物体的存在就使液化变得复杂。右图的画面中就有非常多 "线条", 这些 "线条" 在现实生活中是直的, 我们不能对其进行变形处理。

提示 需要被液化的内容不能与被冻结的内容重合。

　　使用 "冻结蒙版工具" 在画面中画出不想被液化的部分, 如下图所示。画面中的红色块就是被 "冻结蒙版工具" 冻结的部分, 使用 "解除冻结蒙版工具" 可以擦去之前被冻上的蒙版区域。

提示 使用 "冻结蒙版工具" 后, 再使用其他液化工具不会改变被 "冻结蒙版工具" 冻住的部分。如使用 "向前变形工具" 涂抹红色块, 可以观察到被 "冻结蒙版工具" 冻结的区域没有发生任何变化, 如下图所示。

4.1.7　面部工具

◆ **工具介绍：** 根据自动识别的面部特征调整面部。

◆ **重要指数：** ★★★★

◆ **操作方式：** 智能识别，调整控制点。

◆ **应用场景：** 调整五官及脸形。

"面部工具" ♀ 是自动液化工具，它能够自动识别人物的脸形和五官，并通过调节"脸部形状""眼睛""鼻子""嘴唇"上的控制点来调整面部和五官的大小及形状，如下图所示。

面部形状

眼睛

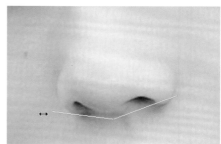

鼻子

嘴唇

🔍 **问："面部工具" ♀ 这么好用，没有缺点吗？**

答： "面部工具" ♀ 是Photoshop CC 2017以后的版本才有的工具。对于初学者来说，这是一个快捷、方便的面部调整工具。当然，"面部工具" ♀ 也有很多不足之处，毕竟它属于半自动工具，当出现问题的时候，如遇到无法识别（人物的面部歪斜）的情况，就要使用其他手动工具进行进一步的微调，因此我们一定不能过度地依赖"面部工具" ♀。例如，虽然可以用"面部工具" ♀ 来调整面部的宽度、下巴的高度、前额和下颚的高度，但是由于该工具针对的是整个面部，对细节的精度无法准确把控，因此建议使用"向前变形工具" ♀ 来调整脸形，其精细度会更高一些。

面部液化与五官的处理

学会使用液化工具并不代表我们能够轻松地将人物处理好，因为人体的结构特征非常明显，尤其是面部特征，我们常常通过识别面部和五官来区分不同的人，这也是区分人的美与丑的关键所在。如果我们对面部特征不了解而贸然修形，那么很有可能造成比例的失调，出现"不像人"的情况，本节就来学习如何将人像修得更"像"人。

4.2.1 认识面部骨骼

要想准确液化面部，就需要了解人类的头骨结构。下图是人类的头骨骨点图，可以看到影响人类面部轮廓的因素主要在头顶、眉毛、眼睛、颧骨和下巴等位置，这些部位的骨点可以直接影响一个人的脸形。

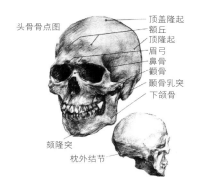

头骨骨点图
顶盖隆起
额丘
顶隆起
眉弓
鼻骨
颧骨
颞骨乳突
下颌骨
颏隆突
枕外结节

在头骨结构中，影响脸形最大的骨头分别是颧骨和下颌骨。

颧骨

颧骨的位置在眼睛下方，由于这个部位有一个骨点，因此此处会微微凸起，如下图所示。

> **提示** 虽然每个人都有颧骨，但是不同的人颧骨的高低、大小是不一样的。正是因为这样，每个人才有其独特之处。若液化后的人与液化前的人完全不像，就是因为改变了面部特征。

下颌骨

下颌骨在颧骨的下方，下颌骨和颧骨之间的过渡是平滑的，如下图所示。曾经流行的"蛇精脸"其实就是缺少下颌骨，脸看上去非常尖。

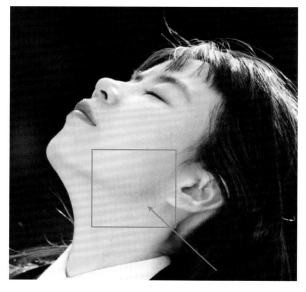

4.2.2　面部比例

符合"三庭五眼"比例的人，即便不是绝世美人，至少也是五官端正的人。当然，"三庭五眼"只是一个基本比例，在修图时不能死板地按照这个比例来执行，而是应该观察人物的特点，并根据人物的特点进行适当的调整。本小节主要讲解人物的面部比例，并从正面、3/4侧面和正侧面这3个角度来分析。

📷 正面

拍摄正面时，机位与人物的正面呈垂直角度。正面能很好地表现人物的相貌特点，也能清楚地呈现什么是"三庭五眼"。三庭，即脸的长度比例，把脸的长度分为三等份，从前额发际线至眉骨，从眉骨至鼻底，从鼻底至下颌，各占脸长的1/3，如下面左图所示；五眼，即脸的宽度比例，以眼睛的宽度为单位，把脸的宽度分成五等份，从左侧发际线至右侧发际线为5只眼睛的宽度，两只眼睛之间有一只眼睛的宽度，两眼外侧至两侧发际线各有一只眼睛的宽度，各占脸宽的1/5，如下面右图所示。当然，在拍摄时，正面照可以出现一点点偏差，两只耳朵的情况可能与正面看到的不一样。

提示　一般鼻翼的宽度小于或等于眼睛的宽度，这样的鼻子显得更挺拔，也更符合大众的审美，如下图所示。

📷 3/4 侧面

3/4侧面像也可以叫前侧像，在人像摄影中非常常见。3/4侧面的特点就是在画面中只能看到两只眼睛和一只耳朵，如右图所示。拍摄时让面部微微前侧是一个能体现头像体积感和空间感的角度，因此3/4侧面的体面关系非常明确，面部结构也比较直观。出现该现象的原因与透视有关，与正面相比，3/4侧面人像的面部不再与拍摄者的视线呈"平行"关系，因此在观察者的眼中发生了形变，出现了近处大而远处小、近处实而远处虚的效果。

提示　这里所说的3/4不一定是指拍摄的人像图片完全符合这个数值，只是业内习惯了这种叫法。

如下图所示，人像的右脸离镜头更近一些，而左脸离镜头更远一些，正是因为有了远近关系，使得画面出现了透视，所以离镜头近的眼睛一定比远端的大。近处的眼睛不能太大，否则人物的大小眼问题严重，但是等大或近处的眼睛更小一定是错误的透视关系。不仅针对眼睛，嘴巴、鼻翼也是同样的道理，只是效果没有眼睛明显，此外很多人都会有大小眼问题，这就更需要通过后期调整了。

提示 切忌在液化时放大3/4侧面人像远端的眼睛，如果使两只眼睛变成一样大，这种效果并不符合"近大远小"的透视原理。但是也不能一只眼睛过大，一只眼睛过小。在调整的过程中，需要找到一个合适的度，使脸部看起来舒服即可。

📷 正侧面

正侧面的特点是在画面中只能看到一只（半只）眼睛和一只完整的耳朵，如下图所示。

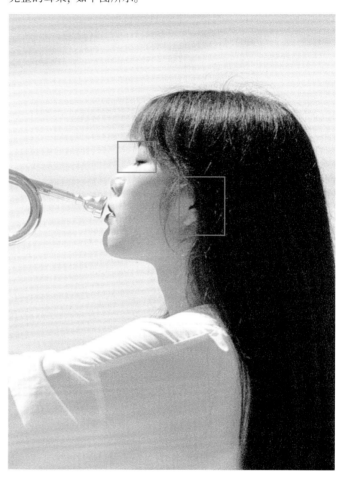

4.2.3　五官的液化原则

了解了人物的面部骨骼和比例后，我们就能使用液化工具调整人像了，调整时注意"大可以变小，方可以变圆"。一般来说，观察一个人好不好看是从脸形和五官开始，即脸形和五官是否协调，是否符合面部比例。当然，影响五官的因素有很多，如发型和面部表情等，需要从整体出发考虑液化的方向。

📷 遵循大众的审美

不同的人液化同一张图片，最后得到的结果可能大不相同，但结果并没有对错，这是因为人们的审美不同。虽然"美"在主观印象中是有差异的，但是液化必须遵守的"美"一定是被大众所欣赏和喜爱的，而不只是我们认为好看，大众却认为不好看。

通过下图来观察人物的颧骨、下巴等位置，可以发现她的鼻翼略宽，上额也稍宽，因为头发比较多，所以显得头比较大。由此可见，虽然人物的脸形并不差，但是仍有很多细微的问题需要解决。

提示 液化面部的时候，无论是先液化脸形还是五官，液化的次序不会对结果产生太大的影响，这只是个人习惯的差异而已。

液化影响脸形的部分

使用"向前变形工具" 将脸形的"形"调整好，颧骨是脸部较凸的部位，有的时候颧骨高一些会比低一些好看，如下图所示。

调整下巴应注意角度和高度，大多数人的下巴比较肉或向前倾，一般需要将这个部分向内收，如下图所示。

瘦脸的方法就是瘦下颌骨和减小脸的宽度，如下图所示。

液化五官

对于初学者来说，推荐使用"面部工具" ⏳ 液化五官。将鼠标指针放在人物的左眼上，待自动识别出这只眼睛后，将上眼皮往上提一些，画笔的大小与眼睛大小差不多即可（也可以适当放大一些），如下图所示。

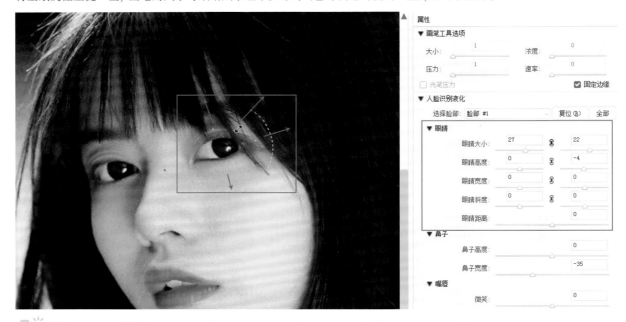

提示　在使用"面部工具" ⏳ 调整眼睛时，按住Shift键可以同时调整两只眼睛。但是如果人物的眼睛是大小眼，那么就不要一起调整两只眼睛的大小。另外，不太建议改变眼睛的形状，就算调整得再漂亮，那也不是人物原本的眼睛。

按照同样的方式，将鼠标指针放到鼻子上，待出现可以控制鼻子高度和宽度的点时进行调整，一般需要缩小鼻翼。

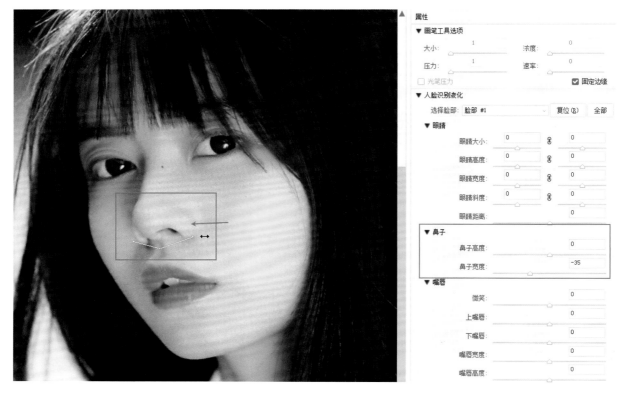

按照同样的方式，将鼠标指针放到嘴巴上，可以看到能调整嘴巴的宽度和上下嘴唇的高度，但一般很少调整嘴巴。

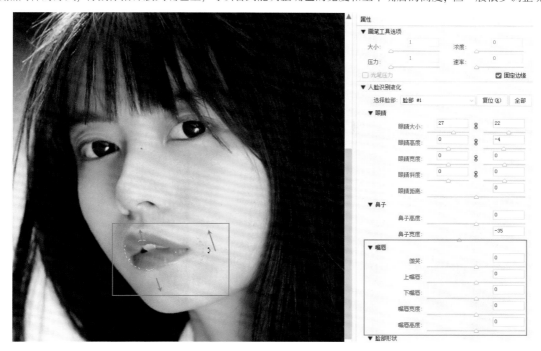

"面部工具" ♀同样可以调整脸形，这里调整了4个面的角度，其中下巴的高度、额头的宽度，以及脸部的宽度都是比较重要的。

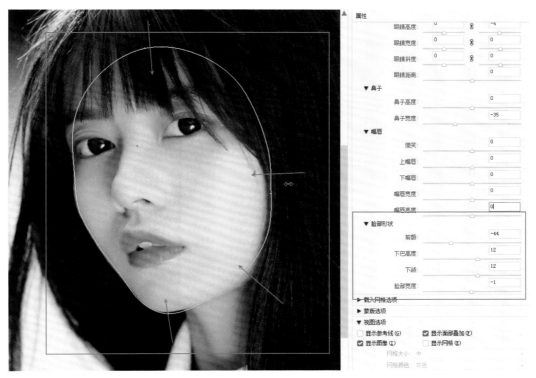

提示 液化不一定要十分精准，只要人眼观察不到明显的问题即可。另外，液化时一定要优先选择大画笔，画笔越大，对图片造成的畸变就越小。除非是因为液化造成了畸变，才使用小画笔进行纠正。

遵循自然的"完美"

我们要意识到液化是以自然为目的进行的人像修饰。由于液化前后始终是同一个人，因此不能液化得太过，即不能强行改变固有面貌，应该以自然美作为准则。要避免出现液化得过"重"、与原图或本人的差距非常大等情况，否则会使人物变成另一个人，即使修饰得再漂亮，这样的"美"也不能称得上是一种"完美"。我们要记住，"像"是第一，"美"是第二。

案例：液化面部

> » 素材位置：素材文件 > 第 4 章 > 案例：液化面部
> » 源文件位置：源文件 > 第 4 章 > 案例：液化面部

Before

After

原片分析

人物的脸形没有太大的问题，但是可以在此基础上，将五官调整得更秀气一点，将面部的棱角修得更圆润一些，这就是一种适度的美化。

092

📷 操作步骤

01 复制一个图层，执行"滤镜>液化"菜单命令（快捷键为Shift+Ctrl+X），打开"液化"对话框，使用"向前变形工具" ，并将画笔调得稍大一点，然后将颧骨向内推，将需要改变的脸形的"形"调整好。

02 使用"向前变形工具" 将下颌骨和脸颊向内推。

03 使用"面部工具" 调整眼睛会更方便一些，可以直接在图中通过调整每个点来控制眼睛的大小、高度、宽度和斜度。这里需要将眼睛稍微调大。

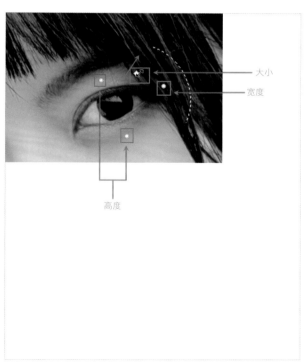

大小

宽度

高度

04 按照同样的方式，调整控制鼻子高度和宽度的点，将人物的鼻翼缩小。

05 使用"向前变形工具" 🔧 将额头的高度调低一些。

提示 最后一定要观察液化后的五官，眉毛到鼻底的距离和鼻底到下巴的距离要基本一致，鼻翼的宽度应该小于或等于两眼的间距。

4.3 身体液化与身体比例的调整

与面部的液化相同，身体的比例也不应夸张，应该遵从人物在自然状态下的体态美，尤其是少女所展现的一些姿态，这也会丰富人物的形象。身体的比例更多的是指头部与身体的比例、上半身与下半身的比例等，主要是在视觉上协调身体和四肢。

4.3.1 身体比例

身体比例直接关系到人物在画面中的形态是否美观，这个比例是有规律的。了解正常的身体比例，我们才能修出好的身材。

📷 黄金头身比

在美术（或动画）专业中，根据脑袋长度与全身长度的比例来形容一个人的高度，通常以"几头身"来表示。亚洲的男性和女性一般以"6头身"到"7头身"为主，而欧美人或一些职业模特的身体比例可以达到"8头身"，在一些动漫作品或美术作品里还有比较夸张的"9头身"。"几头身"表示的是头与身体的比例，那么上半身与下半身的比例呢？

大多数人的下半身是长过上半身的，要想修出好看的身材，那么便要符合"黄金分割"比例，也就是下半身与上半身的比例为1：0.618，如下图所示。符合这个比例的上半身和下半身给人的感觉是比较舒服的，但是拥有这种身体比例的人毕竟是少数，因此在液化身体时，我们要尽可能地使用液化工具达到这一效果。

问：**什么样的比例是协调的？**

答：大多数人像图片的比例是没有问题的，普通人的站姿比例在"7头身"左右，如下面第1张图所示；坐姿比例应该在"5头身"到"6头身"比较合适，如下面第2张图所示。

好的身材

　　了解身体的比例是为了避免在修图的过程中出现头过大或过小的情况，导致头部和身体看起来不够协调，而少女的体态美则需要通过一个好的身材来体现。需要改善的一般是三围，尤其是腰围，如下图所示。

　　当然，仅仅处理三围还不足以获得一个好的身材，还需要完成收腹、收后腰或侧腰、微压肩、提臀、提胸和提裤子（将下半身变长）等操作。下面两张图所示分别是对站姿和坐姿的身材进行的调整。

站姿

坐姿

4.3.2　四肢液化

四肢液化对于人物的液化是比较重要的，因为四肢的形态也会影响到人物的体态。有时候明明是正常的头身比，却给人一种身材不好的感觉，很大原因是四肢不协调造成的。此外，一些挤压动作也会使肌肉变"粗"，因而造成不适的观感，这些都是我们需要处理的。

📷 腿部

每个少女都希望拥有一双美腿，所谓的"美腿"实际上是指腿的匀称度，同时不同的腿形也具有不同的特点。在液化腿部的时候，尽量不要改变腿形。根据人体结构的特点，小腿要比大腿细，且大腿和小腿要有肌肉感，而不是一双"筷子腿"。

> **提示**　注意"膝盖"的形态，也就是凸和凹的位置关系，这是在液化腿部时很少会注意的地方。

当然，腿部液化的难点还在于环境，要注意背景是否存在线条。如下图所示，模特的腿部后面就有台阶，那么一定要保证线条不能扭曲，否则就会穿帮。

针对这种情况，有两种液化方法：第1种方法是使用"冻结蒙版工具" ☞ 将不需要涂抹的地方冻结，然后单独液化腿部；第2种方法是根据线条的方向液化，这里是指顺着台阶的方向使用大画笔液化腿部，这样就不会使台阶变形，然后使用小画笔做进一步调整。

📷 手臂

液化手臂与液化腿部的原理基本一致，注意手的大小是可以通过压缩手掌的两侧和提手腕来调整的。另外，根据人体结构的特点，小臂不能比大臂粗，同时还要注意肘部凸出的位置，如右图所示。

案例：液化身体

» 素材位置：素材文件 > 第 4 章 > 案例：液化身体
» 源文件位置：源文件 > 第 4 章 > 案例：液化身体

📷 原片分析

从图中可以看到人物的体型还是很匀称的，再加上衣服的遮挡，所以人物的身体并没有太多需要改善的问题。但是手臂和腿因为姿势而略微偏粗，已经影响到画面的美感，所以需要对挤压的部分进行液化。

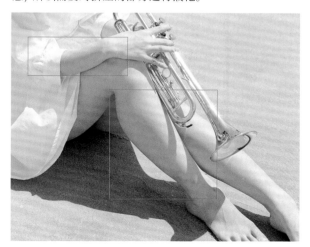

📷 操作步骤

01 复制一个图层，然后使用液化工具中的"向前变形工具"，并将画笔调得稍大一点，接着将手臂向上推，使手臂变得更纤细。

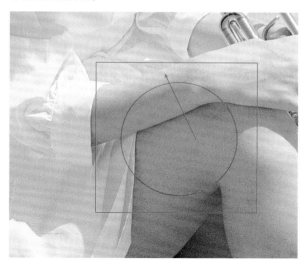

02 因为大小腿的位置比较接近，而我们只需要对小腿进行处理，那么就需要对大腿进行"冻结"处理，这样液化小腿就比较"安全"。使用"冻结蒙版工具" 涂抹大腿，一定要保证容易被影响的部分被完全涂抹。

03 使用"向前变形工具" ，仍然使用较大的画笔将小腿调细。

04 所有的地方调整完成后，一定要使用"平滑工具" 平滑调整过的部分。

05 最后的成图，四肢都明显缩小。

提示 在缩小四肢时，四肢原本的形状不能发生太大的变化，否则比例容易失调。

 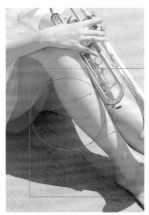  

4.4 人物与画面的关系

拍摄的环境和手持相机的角度在很大程度上会影响人物的比例，而且很有可能需要进行大幅度的调整，此时使用液化工具来处理可能不太适合，需要通过其他工具修正人物。在修正的同时，还要随时考虑人物与画面之间的关系，因为我们不仅要考虑人物本身，还要注意整个画面的平衡，在处理时避免使人物与环境脱离。本节通过对一个画面的解析来加深理解人物和画面之间的关系。如右图所示，我们会发现人物的身材比例不协调，而且身高也显得比较矮。

对上述情况进行分析，这张图片是环境人像，环境人像的景别一般为全景，所以人物的占比较小，不需要对人物进行特别细致的调整。人物在此处显矮，可能是由于拍摄角度造成的。要想对人物的高度进行处理，显然直接调整整个画面会比用液化工具一点一点地修饰要自然、方便得多。

提示 前文提到的液化处理是对人物的面部和身体进行优化，优化的内容都是由一些客观因素造成的瑕疵。然而我们在实际的拍摄过程中遇到的情况往往是复杂的，如相机的成像效果并不都在一个正常的水平，而我们想要的环境也不一定是尽如人意的。除了对人像进行优化，我们还应该考虑整个画面的效果后，再决定修饰的先后顺序，如这里应该先调整由整体影响画面的内容，再调整由个体影响画面的内容。

4.4.1 人物增高

　　并不是人物越高就越好看，而是根据构图的需要判断是否需要对人物进行增高。针对大幅度的调整，建议使用Camera Raw滤镜中的"变换工具"☐，它可以手动校正透视关系，快速解决画面中的透视问题。在"变换"面板中，将"垂直"选项的滑块向右拖曳，图片就会呈现一种向后倒的状态。这时数值越大，图片的上半部分倾斜得越厉害，同时图片的下半部分保持不变，这样就能将人物进行拉伸了，如右图所示。

　　使用"裁剪工具"🔲对多出的空白像素进行裁切后，我们便能得到一个比例协调的人物。但是将图片放大，又会发现很多问题，如右图所示。一些应该垂直于地面的物体发生了倾斜、原本倾斜了一点的物体则倾斜得太过，因此下一步就需要对这些细节进行调整。

提示 第一步拉伸的是整个画面，我们需要修复其他地方的畸变。

　　液化工具很适合处理一些细微的问题，使用"向前变形工具"🔲并将画笔调大，然后按照右图所示的蓝色线条方向拖曳。

4.4.2 主体调整

当一张人像图片没有其他瑕疵时，就可以
使用液化工具对人物的面部和形体进行塑造。
这张图片不需要磨皮，我们可以直接通过液化
工具修饰人物的脸形和五官，如下图所示。

通过"变换工具" ⊡ 增加人物的身高是一种真实的拉伸效果，除
此之外，我们还可以用液化工具将腰部或上衣与下衣的交界处向上
提，提高腰线的下半身也能在视觉上体现出拉伸效果，如下图所示。
最后我们来看一看液化前后的区别。

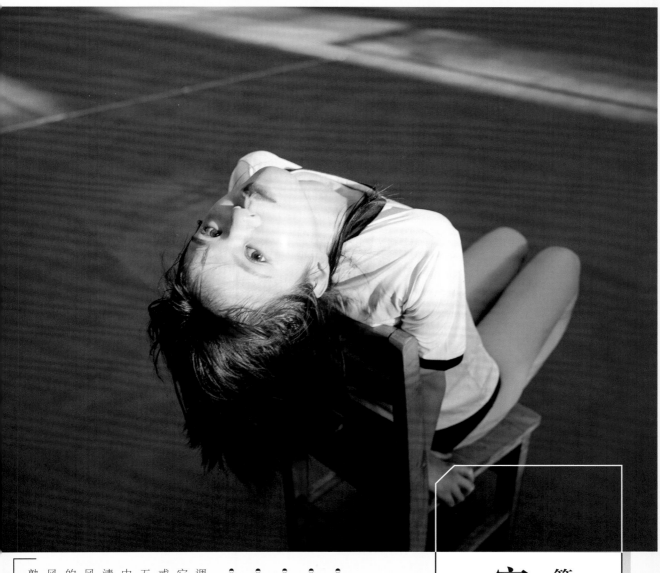

第 5 章

完美的日系色调

- 颜色的基础知识
- 颜色的搭配方案
- 调整肤色
- 调整环境色
- 冷暖色调的调色思路

调色是日系写真人像后期处理技法中非常重要的部分，它可以通过画面直接影响到人们的心理，使人产生或冷、或暖、或庄重、或热情等感受。与通过液化修饰面部和五官的方式不同，调色是一种有规律可循的技法。而其中的日系色调大都具有互通性，如我们经常听到的「小清新」「空气感」「唯美」等都属于日系中不同的调色风格，有固定的调色思路可以参考，只是在表达时采取的侧重点有所不同，但都应该是一看就能明白这是日系风格的色调。本章从颜色的基础知识开始学习，逐渐到熟练掌握日系风格的调色方法。

5.1 了解色彩空间

　　色彩是人的眼睛对于不同频率的光线的不同感受。色彩既是客观存在的（不同频率的光），又是主观感知的。在认识色彩的漫长历程中，人们逐渐建立起了多种色彩模型，以便感知计算机显示器上显示的颜色，这就是色彩空间的由来。对于我们即将要学习的调色技巧来说，先了解非主观因素（色彩空间）对调色可能产生的影响，有助于调出精准的颜色。

5.1.1　什么是色彩空间

　　我们可以不用深究色彩空间的物理学原理，但是需要知道如果在拍摄时没有设置一个合适的色彩空间，那么调色后的效果将会大打折扣（出现"变色"等问题）。在相机中可以设置色彩空间，现在我们只需要知道使用哪一种色彩空间就可以。色彩空间在不同相机中有不同的名称，如右图所示，在尼康相机上叫作色空间，分为sRGB和Adobe RGB两种。

提示　在色彩学中，人们建立了多种色彩模型，以一维、二维、三维甚至四维空间坐标来表示某一色彩，这种坐标系统所能定义的色彩范围即色彩空间（色域）。我们常用的色彩空间主要有RGB、CMYK和Lab等。

　　下面用一张图简单说明不同的RGB空间所表示的范围，如下图所示。在不同模式下，色彩空间所显示的颜色范围大不相同，其中蓝色三角形代表的是sRGB的色彩空间，红色三角形代表的是Adobe RGB的色彩空间，绿色三角形代表的是打印机所使用的色彩空间。

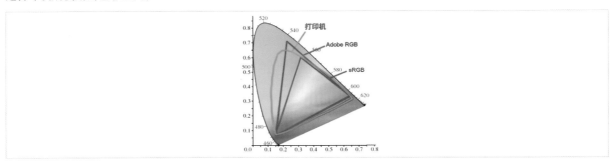

　　从上图可知，Adobe RGB能显示出更多的颜色，并且包含了"打印机（CMYK）"所使用的大部分色彩，所以它的颜色会比sRGB更加鲜艳，呈现的效果也更加理想，如右图所示。

sRGB 色彩模式

Adobe RGB 色彩模式

问：图片显示在计算机上的颜色是准确的，为什么上传到网络颜色却变淡了？

　　答： 这是由色彩空间引起的问题（sRGB和Adobe RGB针对的领域不一样），sRGB只适用于网络宣传，所有与网络有关的图片的色彩空间都是sRGB，因此如果将Adobe RGB色彩空间的图片上传到网络，那么图片会自动压缩为sRGB，导致颜色发生变化。

5.1.2　如何设置色彩空间

　　一张图片无非是用于打印或网络宣传，而这两者输出的条件是不一样的，所以我们需要针对不同的用途设置不同的色彩空间。虽然Photoshop中可供选择的色彩空间非常多，但是我们只需要使用RGB色彩空间。

📷 sRGB 与 Adobe RGB

　　如果是将图片用于网络宣传，那么就要选择sRGB；如果是将图片用于打印，那么就要选择Adobe RGB。由于本书涉及的内容并不主要用于打印，因此尽管Adobe RGB显示的颜色比sRGB多，但是在大部分情况下，我们仍然选择以sRGB作为日系人像后期处理的主要色彩模式。执行"编辑>指定配置文件"菜单命令，在打开的"指定配件文件"对话框中，可以更改色彩空间的类型，如下面两张图所示。

sRGB 色彩模式

Adobe RGB 色彩模式

📷 如何设置 RAW 格式的色彩空间

　　打开RAW格式图片，在Camera Raw滤镜的底部可以看到色彩空间和像素大小等信息，如下面第1张图所示。单击该信息即可在打开的"工作流程选项"对话框中更改色彩空间的类型，如下面第2张图所示。

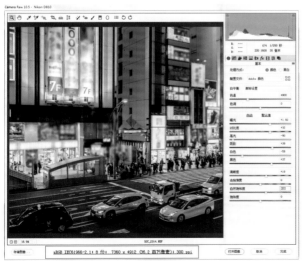

提示　这里一定要选择sRGB，因为选择该选项后，若将处理的RAW格式图片上传到互联网，则不会因色彩空间的问题而产生偏色的现象。

5.2 色彩的三要素是调色的基础

调色是指将特定的色调加以改变，使之形成不同风格的另一种色调的图片。这一过程需要我们从画面的整体来考虑，生气、稳健、冷清或温暖等感觉都是由整体色调决定的，整体色调需要通过色彩的三要素来控制，即色相、饱和度和明度。

5.2.1 色相

色相是色彩基本性质中非常重要的一项，它是区别不同颜色的标准。在色彩中，我们通常用色相环来表示色相的变化，如下图所示。

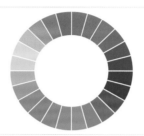

> **提示** 颜色的调和还离不开一个专业词，即三原色（这里是指色光三原色）。三原色是指色彩中不能再分解的3种基本颜色（RGB），即红色、绿色和蓝色，这3种基本颜色可以相互混合出所有的颜色。

红色	0
橙色	0
黄色	0
绿色	0
浅绿色	0
蓝色	0
紫色	0
洋红	0

画面中的所有颜色都能在Camera Raw滤镜中的"HSL调整"面板中找到，我们借用此处的参数来帮助大家理解不同色相的大致范围，这对后面学习调色技法是很有帮助的。如右图所示，我们可以发现色相环中的颜色一共被分为8个色系，每一个色系都有其固定的范围，并分别对应到色相环中。

5.2.2 饱和度

颜色的饱和度就是颜色的鲜艳程度。饱和度越高，纯度就越高，画面就越鲜艳；饱和度越低，纯度就越低，画面就越灰，如下图所示。

饱和度高

饱和度低

> **提示** 在上面左图中，洋红和红色的饱和度比较高，画面看起来更明艳一点。注意饱和度越高并不一定就代表图片越好看。

5.2.3 明度

　　颜色的明度就是颜色的明亮程度。如下图所示，观察暗部区域，将明度提高后，可以明显感觉到地面变亮了，并逐渐显现出蓝色，头发和皮肤的阴影区域也是一样的情况，可见提高明度就像是提高曝光。同理，如果我们提高这张图片的曝光，则明度也会提高。

明度低

明度高

提示 在色彩的三要素中，可以将饱和度和明度理解为反比关系。在同一色相下，饱和度越高，明度就越低；饱和度越低，明度就越高。

5.3　了解配色方法

　　在简单了解色彩的三要素后，我们还需要深入地了解调色中非常重要的一项技能——配色，也就是颜色的强弱、轻重和浓淡等关系，这些都是以颜色的平衡为出发点来考虑的。配色并不难，难的是配色方法的选择，不过我们也不必过于焦虑，配色的方法也是有规律可循的，只需要牢记互补色、对比色、邻近色和类似色的用法即可。

5.3.1　互补色

　　在色相环上互为180°的颜色为互补色，如下图所示。红色和绿色互补，蓝色和橙色互补，紫色和黄色互补。互补色对比强烈，因此我们能够轻易地分辨出两者的颜色。

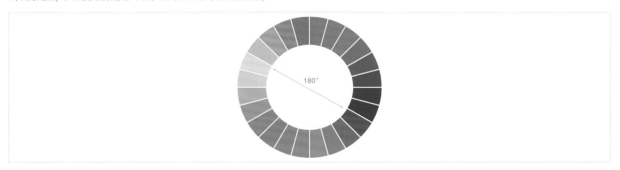

从下图可以看出，在自然环境下，沙滩所呈现的橙色和天空所呈现的蓝色就是一对互补色，这么强烈的对比使天地区分更为明显。同理，大海也是蓝色的，与沙滩呈现的橙色也是一对互补色，因此我们在海边拍摄一张图片也能达到类似的效果。

提示 蓝色和橙色是一对常见的以互补色为主的配色，因为我们的肤色接近黄橙两色，而相对应的互补色是紫蓝两色。如果背景色是紫蓝两色，那么便可以凸显出人物的肤色，如下图所示，这也是日系摄影中经常使用的配色。

5.3.2　对比色

色相间隔在120°~150°的两种颜色互为对比色，如下图所示。对比色的色相对比比较强烈。

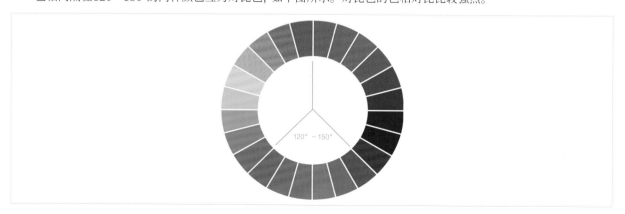

如右图所示，这张图是根据对比色搭配的，且颜色干净明了、对比清晰，因此容易突出主体。另外，图中用到的是一组非常经典的对比色来配色的，其中的色彩构成非常简单，除去肤色，其他色彩是由绿色（树木）和红色（腰封）两部分构成，而这两部分正好互为对比色。若它们在同一个画面中，会能给人留下深刻的印象。

问：既然颜色的对比那么强烈，搭配起来不会很突兀吗？

答：以右图出现的对比色为例，虽然用到了3种颜色的对比，但是整体画面非常和谐，不会令人感到不舒服。当然，这里出现的3种颜色与标准的三原色是有出入的，我们可以看到这里出现的红色、绿色和蓝色的明度和饱和度并不在一个水平，可以明显感觉到蓝色的明度和饱和度都比较低，因此看起来偏灰。将地面的颜色处理得微微偏灰是我在后期调色时常用的一种处理手法，之所以这样进行处理，是因为这样能够减少由对比带来的冲突感。此外这张图中的衣服也有一些偏蓝，并不是一种纯度很高的蓝色，恰好能调和衣服和地面的颜色。综上所述，颜色的外观属性并不只有色相这一个元素，饱和度和明度也是可以处理的方向，我们要正确理解色彩的三要素，这样才能学会如何配色，才能够活学活用，更好地进行调色。

5.3.3 邻近色

色相间隔60°左右的颜色为邻近色，如下图所示。邻近色属于中度对比，其主要作用是表现画面的统一性。

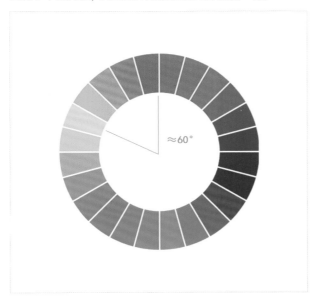

邻近色在生活中比较常见，如红色与橙黄色、蓝色与黄绿色等。邻近色既能增强画面的表现力，又有统一画面色调的作用，因此是一种非常保险的配色方法。邻近色一般有两个范围，暖色系的红、黄、橙，冷色系的青、绿、蓝、紫。

如下图所示，这张图的饱和度是比较高的。这里面出现了一组邻近色，背景的颜色是绿色和青色，这两种颜色或多或少都偏黄，比较跳脱的颜色是人物的肤色，但是肤色偏暖，体现出橙色的色相，可以看出整个画面并不突兀，反而在向一个偏暖的色调统一。

5.3.4 类似色

类似色是色相间隔15°左右的颜色，类似色色相性质相似，如红与橙，但色度有深浅之分。

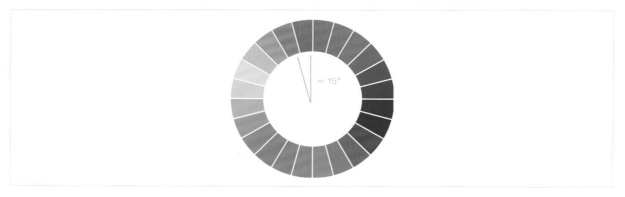

类似色在我们的作品中非常常见，就拿经常会拍摄到的树叶举例，如右图所示。因为树叶层层叠叠、颜色有深有浅、叶片有新有旧，所以树叶的颜色并不是指某个单色，大部分是黄、黄绿、绿这3种颜色，因为是类似色，所以我们既能感受到颜色的层次，又不会觉得画面违和。

问：配色方案是如何选择的？

答： 由于日系的风格比较统一，因此配色思路并不那么烦琐。首先，我们要在配色中心决定占大面积的颜色，并根据这一种颜色来选择不同的配色方案；其次，我们在选择配色方案时，大多受到主观意识的影响，也就是说，我们想要一个什么样的感觉，就将它往哪个方向上偏。如果用暖色系作为整体的主色调，那么将会呈现出温暖的感觉；如果用暖色和纯度较高的颜色作为整体的主色调，那么会给人火热、刺激的感觉；如果以冷色和纯度较低的颜色作为整体的主色调，那么会让人感到清冷、平静；如果以明度较高的颜色作为整体的主色调，那么画面会更加亮丽、轻快；如果以明度较低的颜色作为整体的主色调，那么画面就会显得比较庄重、沉稳。同理，选择对比的色相和明度，会让人感到活泼；选择类似、同一色系，会让人感到稳健。色相的数量越多，画面就会越华丽；色相的数量越少，那么画面就会淡雅、清新。以上几点关于整体色调的选择要根据我们表达的内容来决定。关于色彩的知识非常多，即使是针对相同的图片，选择的配色方案也可以不一样。但是需要牢记颜色的三要素和关于配色的4种类型，我们才能将其灵活应用于配色中。

5.4 通透的肤色如何调整

第3章提到在日系人像中衡量皮肤好坏的标准与皮肤的通透性有关，除了通过去瑕疵、磨皮等手段塑造干净且通透的皮肤外，调整肤色也是一个很好的思路。但是与以皮肤的质感作为通透的出发点不同，调整肤色仅仅是在色彩上为皮肤营造出一种通透的效果，进而在感官上符合我们的审美标准，如使皮肤白皙、补充气色等，令人物看起来富有感染力。

提示 调整肤色应该在去瑕疵、磨皮后进行，否则人物的皮肤看起来是"脏"的。

5.4.1 增加曝光

在大多数日系图片中，画面的影调呈现的是高调，在直方图上显示为像素峰值聚集在右侧。若画面的影调为低调，那么我们就要先增加曝光，再进行调色处理。

📷 肤色与曝光的关系

肤色比较容易出现的问题就是曝光不足，体现在面部较灰，甚至比环境还暗，如右图所示。面部的曝光就像是肤色的明度，对于日系人像来说，如果面部曝光不足，那么肤色也会较差。

面部发灰　　　　　　　　　　　面部正常

提示 若环境的亮度比面部还高，这种现象一定是错误的。如果肤色太灰或肤色不对，那么就会出现"僵尸色"，这种效果不仅难看，人物看起来还没有生气。

📷 通过曲线提亮肤色

提亮肤色的方法有很多种，除了通过蒙版擦拭皮肤，还有一种更为快捷的方法，而且这种效果更加自然，即通过"曲线"提亮肤色。这种方法在1.4.2小节中提到过，只不过这里是以曝光的原理进行讲解的。按快捷键Ctrl+M打开"曲线"对话框，然后使用显示的吸管工具吸取肤色，通过这一步我们可以找到肤色的影调在曲线上的位置，即曲线上出现的圆点（肤色所在大致位置），如下图所示。以这个点为基准来提高曲线，其实就是以肤色的影调为基准提高画面的曝光度。

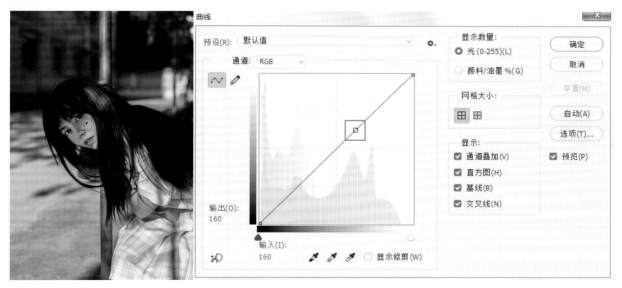

将吸取的点向左上方拖曳，调整的幅度要根据画面的实际效果决定，"过亮而不曝"是我们判断的基准。

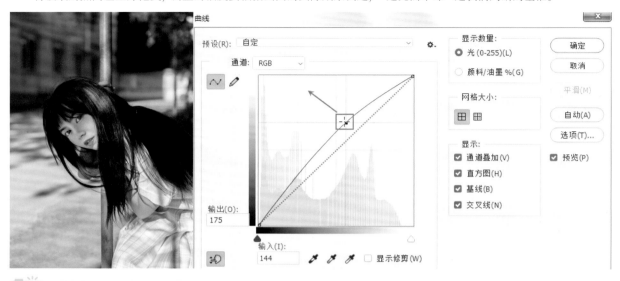

提示 通过曲线被拉伸的弧度可以判断出整个画面的亮度都将提高，只不过拉伸的那个点提高的"量"是最多的（不同的灰阶所提亮的程度不一样），因此整个画面的曝光才是自然的。关于曲线更多的知识，将会在后面的章节中为大家讲解，我们只需要在这一节学习如何以肤色为基准提高曝光。

5.4.2　Camera Raw 滤镜中的 HSL

在第2章中，我们学习了通过Camera Raw滤镜的"基本"面板对画面进行基础的调色（一级调色），但这只是关于调色的初级用法。在理解了颜色的基本知识后，我们可以更精准地调色（二级调色）。"HSL调整"面板上对应着色彩的三要素——色相、饱和度和明度（明度即HSL调整面板中的"明亮度"）及8种色系，如右图所示。之前我们将肤色的亮度提高了，很多细节都能得到体现，下面开始学习如何通过丰富的颜色让肤色更加通透。

📷 控制肤色的颜色

控制日系人像肤色的颜色有3种，分别是"红色""橙色""黄色"，其中"橙色"是较重要的。"橙色"可以控制大部分肤色，"红色"则以控制唇色、眼影或腮红等妆容的颜色为主。既然"橙色"控制大部分肤色，那么对饱和度、色相和明度等影响也非常大。下面就用同一张图来说明橙色在肤色中的表现。

饱和度高

饱和度适中

饱和度低

色相偏红

色相适中

色相偏黄

明度低

明度适中

明度高

提示 饱和度控制肤色的鲜艳程度，一般不建议将肤色的饱和度提得太高，但是也不能太低。

通过 HSL 调整肤色

从下面左图可知，人物的皮肤看起来够亮，但是在颜色上还不够"红润"，因此给人的感觉不够通透。在"HSL调整"面板中设置肤色的"色相"，将"红色"的滑块向左侧移动表示将颜色向洋红偏，向右侧移动表示将该颜色向橙色偏；将"橙色"的滑块向左侧移动表示将颜色向红色偏，向右侧移动表示将该颜色向黄色偏。注意"红色"的占比不宜过多，否则唇色等妆容的颜色会发生很大的变化。

色相	饱和度	明亮度

默认值

红色	-22
橙色	+7
黄色	0
绿色	0
浅绿色	0
蓝色	0
紫色	0
洋红	0

本案例图中控制肤色的只有"红色""橙色"两个参数，如果肤色不够白皙而且发黄，那么只需降低"橙色"的饱和度，并将"橙色"的色相向红色偏。如果人物的肤色在红色和橙色上过重，或仍然不够白皙，那么还可以增加"红色""橙色"的明度。

5.4.3　Camera Raw 滤镜中的校准

除了通过"HSL调整"调节肤色外，"校准"也能影响肤色。"校准"是用来校准相机的，因为有的相机在颜色上会有偏差。"校准"是通过"红原色""绿原色""蓝原色"这3种原色来调节的，调节的是整张图的颜色，"校准"面板如右图所示。

📷 校准原色的数值

① "红原色"一般是用来控制肤色中的"黄色"，若"红原色"的"色相"向左偏，画面中的红色就偏向洋红（这里可以单指肤色）；若"红原色"的"色相"向右偏，画面中的红色就偏向黄色。当然，对于肤色来说，无论是偏向洋红还是偏向黄色都不太好，但是略微偏向黄色一定比偏向洋红好，肤色中最好不要出现过多的洋红。

②若"绿原色"的"色相"向右偏，画面中的黄色就偏向红色，这可以让皮肤变得更红润；若"绿原色"的"色相"向左偏，画面中的黄色就偏向绿色，这种颜色不太适合表现肤色。

③"蓝原色"的"饱和度"是校准中比较常用的参数，如果人像图片中肤色的亮度已经达到要求，但是仍然没有"通透感"，那么可以试着提高"蓝原色"的"饱和度"。

📷 通过校准调整肤色

认识了色光三原色后，下面我们以一张图片为例调出通透的肤色。从原图可知，人物的皮肤看起来够亮，但是在颜色上还不够"红润"，因此给人的感觉不够通透。这里设置"红原色"的"色相"为8，"饱和度"为-10；"绿原色"的"色相"为12，"饱和度"为3；"蓝原色"的"色相"为0，"饱和度"为43，处理后人物的肤色显得更白皙、透亮。

5.4.4 可选颜色

前面所讲的都是通过Camera Raw滤镜调整肤色。在Photoshop中也可以通过"可选颜色"  调整肤色，我们通常在"调整"面板中打开"可选颜色"。

📷 什么是可选颜色

"可选颜色"最早是用于还原扫描分色的一种技术，与"HSL调整"类似，能对画面中的某种颜色进行单独调整，而不会影响其他颜色，因此在后期调色中被广泛运用。"可选颜色"对应的颜色共有9种，与"HSL调整"相比，少了"橙色""紫色"，却多了"白色""中间色""黑色"，多的这3种颜色不是指画面中的白色、中间色和黑色，而是指相对应的影调的颜色。

"可选颜色"调整是指调整不同颜色所含青色、洋红、黄色和黑色的量。如果我们对"红色"进行"可选颜色"的调整，那么就是调整画面中所有红色所含青色、洋红、黄色和黑色的量。

📷 控制肤色的颜色

　　既然了解了"可选颜色"的原理，就一定要知道与青色、洋红、黄色和黑色相对应的补色对画面产生的影响。补色与"可选颜色"又有什么关系呢？下面通过一个案例来说明"可选颜色"是如何控制肤色的，而补色又用在了哪里，我们先看一看调整前后的对比。

可选颜色：红色

　　乍一看人物的肤色还是可以的，但是肤色是相机直出的颜色，感觉比较单调，而且有点偏灰。在可选颜色中，控制肤色的颜色仍然是"红色""黄色"，所以我们只需要通过这两个选项来调整肤色。如右图所示，当可选颜色为"红色"时，设置"青色"为-40%，"洋红"为-5%，"黄色"为15%，"黑色"为12%来调整肤色。青色的互补色是红色，设置"青色"为-40%，其实就是"加红色"，又因为是在可选颜色为"红色"中调整的，也就是在红色中继续添加红色，于是画面中的红色会变得更红。

> **提示** 黑色控制的是颜色的明度（亮度），在哪种颜色中添加黑色就是降低哪种颜色在画面中的明度，如这里在"红色"的可选颜色中添加12%的"黑色"，就是在降低红色的明度。

下面只看"青色"对肤色的影响，理解"青色"的重要性。人物的皮肤不可能呈现青色，正常的肤色应该是白里透着红色和一点点的黄色。在肤色的调整上，肤色偏红比偏青更好看，但是整体又不能太红，如下图所示。

青色：-100 %

青色：+100 %

问："洋红"与肤色有关系吗? 应该如何对其进行调整?

答： 之前说过肤色中应该避免出现洋红，所以需要减少"洋红"的值。但是不能减少得太多，否则肤色就会变得非常黄。这时有人可能会问，洋红的互补色是绿色，减少"洋红"不是应该变成绿色吗? 正常来说是这样的，但是因为我们调整的是画面中的红色部分，在红色中加上减少"洋红"所带来的绿色，那么就是"红+绿=黄"，于是肤色就会变得更黄。如下图所示，当红色中减少了洋红，肤色明显变黄。

可选颜色：黄色

黄色和红色的调整方式比较接近，并且在红色中添加黄色会变成更接近正常肤色的橙色，而黄色加上黄色只会变得更黄，减少黄色则会变白。如右图所示，当可选颜色为"黄色"时，这里设置"青色"为-25%（黄+红=橙），"洋红"为-13%（黄+绿=红），"黄色"为-37%（黄-黄），"黑色"为-18%（降低明度）。

可选颜色：青色和蓝色

人物的背景是由青色和蓝色组成的，所以在可选颜色调整时增加了"青色"和"蓝色"的青色含量，目的是只让背景向喜欢的色调调整。

可选颜色：白色、中性色和黑色

①"白色"是画面中的白色部分，在直方图中 x轴的区域如下图所示，属于高光到白色顶端的区域。画面中比较亮的部分都可以是白色，在大部分人像图片中肤色是有白色（或高光）的，所以调整"白色"很容易改变肤色。

②"中性色"是画面中的中间调，在直方图中 x轴的区域如下图所示，属于阴影到高光的中间调区域。这张图中中性色对画面的影响并不大，这里只需进行微微的调整。

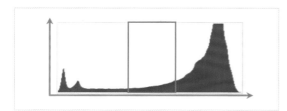

③"黑色"是画面中的黑色部分，在直方图中 x轴的区域如下图所示，属于最左端黑色到阴影的区域。这张图中黑色影响的是头发、衣服和背景，可以将其调整到自己喜欢的色调。

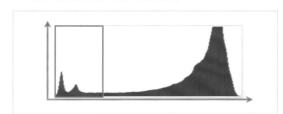

调整了可选颜色后的图片并不算好看，肤色还有些深，增加画面的曝光可以让皮肤显得更加白皙、水嫩。

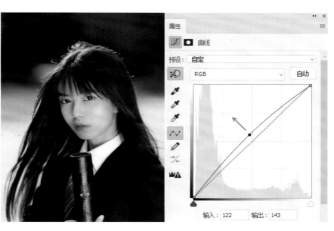

提示 "可选颜色"也是一个调整图层，类似于"白蒙版"，当通过"可选颜色"调整肤色后，唇色很容易受到影响，这时使用黑色画笔擦拭"可选颜色"中的"白蒙版"，即可将唇色还原。

调整图层本身就是蒙版

5.5 环境色如何调整

按照调色的顺序来说，应该先调整肤色，再调整环境色。与调整肤色一样，环境色也可以通过Camera Raw滤镜和Photoshop来调整，可以分别使用"分离色调" 🖴、"色彩平衡" 🎢和"曲线" 🖽。

5.5.1 分离色调

"分离色调"的概念很好理解，在初次讲解直方图的时候，曾经提到过"黑色""阴影""中间调""高光""白色"这5个参数，"分离色调"就是为图片的高光和阴影区域添加相对应的颜色。在Camera Raw滤镜中单击"分离色调" 🖴按钮，即可切换到"分离色调"面板，其中的参数是通过拖曳滑块来选择"高光"和"阴影"的范围。我们在直方图中将高光和阴影区域标示出来，红框表示阴影区域，青框表示高光区域，如右图所示。

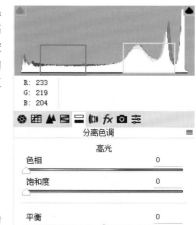

📷 平衡

"平衡"是画面中高光和阴影区域范围大小的一种平衡，由于日系写真中的高光多为青蓝色，因此青蓝色的范围在210~230。当"色相"为220（蓝色）、"饱和度"为50、"平衡"为0时，因为增加了饱和度，所以整个画面都会变蓝，看起来像调整了色温，如下面左图所示；当"平衡"减小到-60时，蓝色的"色相"和"饱和度"的范围都减小了，如下面右图所示。

📷 饱和度

"饱和度"是添加颜色的多少或浓度。在日系写真后期的调色中，通过"分离色调"为高光区域添加的蓝色的"饱和度"不会非常高，通常在15~30，如下图所示。

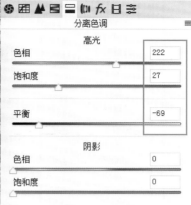

为纪实图片的高光部分添加蓝色，它的日系感就呈现出来了，如下图所示。

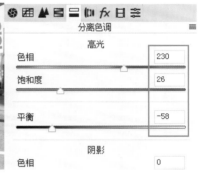

📷 阴影

调整阴影与调整高光正好相反，出于个人习惯，我很少通过"分离色调"来调整阴影部分，若要为画面中的暗部和阴影添加颜色，会先考虑通过Photoshop中的"可选颜色" ▨ 和"色彩平衡" ⚖ 来调整。为纪实图片的阴影部分添加绿色，同样也能使画面具有日系感，如下图所示。

5.5.2 色彩平衡

"色彩平衡"可以用于控制图像的颜色分布，使图像达到色彩平衡的效果，通俗来讲就是当作校正颜色来用。但是它的作用并不是用来校正颜色的，而是用来调整出一些好看的色调。我们通常在"调整"面板中打开"色彩平衡"（快捷键为Ctrl+B），如右图所示。

"色彩平衡"和"可选颜色"不一样，"可选颜色"是针对图片中的某种颜色单独进行调整，而"色彩平衡"则是在"影调"的基础上对画面中的"中间调""高光""阴影"3部分来调整颜色。因此在可调整的颜色条中，"青色"对应"红色"，"洋红"对应"绿色"，"黄色"对应"蓝色"，它们全部都是互补色。选中一个影调后，将滑块向哪边拖曳就会获得相应的颜色。

📷 中间调

下面使用一张偏蓝绿色的风景图来简单讲解"中间调"对环境色的影响。日系图片中的色调没有特别红的，除非是非常老旧的胶片。下面只调节青色，将滑块向左侧"青色"拖曳，这时画面变青了，这是因为青色在画面中的中间调的占比较大，所以效果变化非常明显，如下图所示。

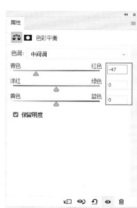

提示 在筱山纪信的作品中出现了红色调的人像图片，那是早期的人像摄影，后来的港风图片就有这种感觉。

下面这张图片的效果更偏向紫色，这是因为调整了"青色""蓝色""洋红"的缘故，如下图所示。

再在前一张图片的基础上进行调整，使颜色向绿色偏，调整"青色""绿色""蓝色"后，图片就变得讨喜多了。

📷 阴影

用一张色调偏黄的图片来观察"阴影""中间调"的区别,如右图所示。这里选择的是"阴影",可以感觉到画面"变色"的地方比较多,并且颜色都比较重,因为对"色彩平衡"来说,"阴影"的调整范围是黑色到中间调区域。

📷 白蒙版

如果我们在使用"色彩平衡"⚖的过程中发现在调整环境色的同时影响到了肤色,这是因为此时的肤色并不是特别亮,所以在肤色的影调中有大部分属于"中间调",在调整环境色的同时就会将肤色调整为一样的颜色,如右图所示。虽然青蓝色好看,但是如果表现在肤色上就会变得非常难看,那么这个时候就需要通过蒙版将局部的效果擦出来。

建立的"色彩平衡"⚖是调整图层,因此会自带"白蒙版",这时使用黑色画笔擦拭出皮肤,最后降低"色彩平衡"调整图层的"不透明度"即可。

答：使用"色彩平衡" 中的单个影调来调色的优点是不容易使画面变脏，但是如果同时对画面的"中间调""高光"和"阴影"调色，那么画面就有可能会变脏，如下图所示。这种情况应该怎么解决呢？

下面对这种情况进行简单的解释，上面右图在"高光"中添加了红色和蓝色，红色加上蓝色会变成粉色，因此先调节的是樱花的颜色；地面属于中间调，裙子和树干属于阴影部分，两者都添加了青蓝色，因此这些区域的颜色会变得更加通透。最后用黑色画笔擦拭人物，这里需要擦拭的部分不仅有皮肤，还包括衣服，因为白衣服在画面中是高光部分，为"高光"添加颜色会将白衣服"染上色"，所以需要还原。

白衣服上有一点环境色很正常，但是环境色太多就会出问题，因为将白衣服变成其他颜色的衣服已经脱离了我们修图的初衷。降低"色彩平衡"调整图层的"不透明度"，可以让画面更加自然。最后通过"曲线"提高曝光即可。

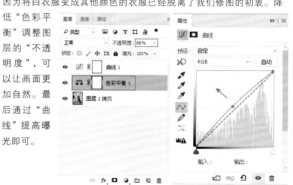

5.5.3 曲线

"曲线" 是一个非常重要的工具，无论是调色还是调整曝光，都有着非常大的优势，在调整影调上更为实用。我更喜欢用之前讲的那些调色工具对图片调色，但还是很有必要了解曲线调色的原理。下面用一张普通的图片来讲解曲线是如何调色的。

📷 曲线通道的原理

曲线通道虽然看上去只需要调整"红""绿"和"蓝"3种颜色，但其实需要调整的地方远不止这些。下面通过一个例子进行说明。

①在"红"通道中，与红色对应的补色是青色，如下图所示。提高红色曲线就是将画面变成红色，降低红色曲线是将画面变成青色。

将控制点向上拖曳　　　　　　　　　　　　　　　　　　　　将控制点向下拖曳

②在"绿"通道中，与绿色对应的补色是洋红，如下图所示。提高绿色曲线就是将画面变成绿色，降低绿色曲线是将画面变成洋红。

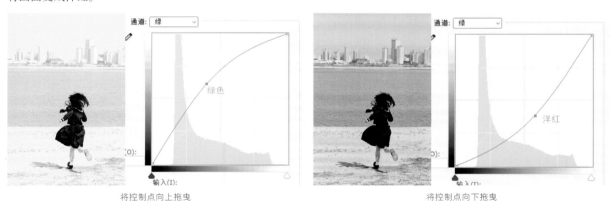

将控制点向上拖曳　　　　　　　　　　　　　　　　　　　　将控制点向下拖曳

③在"蓝"通道中，与蓝色对应的补色是黄色，如下图所示。提高蓝色曲线就是将画面变成蓝色，降低蓝色曲线是将画面变成黄色。

将控制点向上拖曳　　　　　　　　　　　　　　　　　　　　将控制点向下拖曳

从上述例子可以看出，我们调整的不仅是画面中的红色、绿色和蓝色，还包括它们的补色，即青色、洋红和黄色。

📷 用曲线通道调色

下面展示调整一张图片4个通道的曲线所产生的效果。

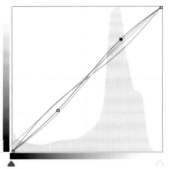

①红色通道的调整。曲线通道的调色方法与曲线的调色方法是一样的，如使用RGB曲线给画面的局部增加曝光，那么我们只需要吸取该处的颜色，然后将其向左上方拖曳。颜色通道也是相似的原理，要想为高光添加红色，那么找到右上部分的曲线，然后将其向左上方拖曳；要想为阴影添加青色，那么找到左下部分的曲线，然后将其向右下方拖曳，这时就拉出了一个S形曲线，如右图所示。

提示 我们可以简单地将其理解成是为高光部分添加红色，为阴影部分减少红色，减少红色后画面就会变成红色的补色，也就是青色。

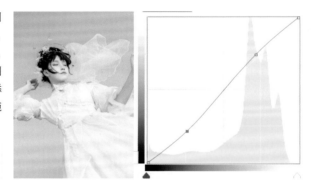

②绿色通道的调整。下面左图给出的是一条笔直的曲线，只是角度发生了变化，即将左下角的控制点向上移动。左下角的控制点控制的是图片中的最暗处，调整控制点就是使画面的最暗处变亮。

③蓝色通道的调整。蓝色通道也是相同的调整方式，要想为高光添加黄色，那么就要找到右上部分的曲线，然后将其向右下方拖曳；要想为阴影添加蓝色，那么找到左下部分的曲线，然后将其向左上方拖曳，如下面右图所示。

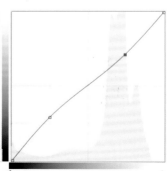

④RGB通道的调整。RGB通道调整的是整个画面的高光和阴影，当曲线为S形时可以增加画面的对比，如右图所示。

提示 调整出来的图片有胶片的感觉。在数码仿胶片的调色技巧中，"曲线"的调整起到了非常重要的作用。

通道：RGB

5.6 常用色调的处理

不同的色调所产生的效果是不一样的，日常生活中常见的色调是冷色调和暖色调。我修的图大部分是冷色调的，那么日系就一定是冷色调的吗？其实不是，日系既有冷色调，也有暖色调，只是我比较喜欢以青蓝色为主的环境色。但是无论修成什么色调，日系画面中的颜色都应该是干净、整洁的。

5.6.1 肤色与环境色的平衡

在实际的操作过程中，我们会发现肤色和环境色是相互影响的，即处理了肤色，很有可能会对环境色造成影响，因此肤色和环境色的平衡十分重要。如果画面中的环境色与肤色相差太多，主体人物看上去就像"抠"出来的，会有一种作假感。如果我们能平衡环境色和肤色，就不会出现这个问题，平衡两者的方法就是同时添加一个一样的颜色。

通过调整"分离色调"面板上"高光"的"平衡"参数可以调整肤色和环境色。如果作品中包含天空，那么天空肯定属于高光部分，肤色也属于高光部分，就可以用Camera Raw滤镜中的"分离色调"为"高光"添加蓝色，这时整个画面就会呈现出蓝色调，其中包括肤色和环境色，但是肤色不应该是蓝色。

天空属于环境色，其中高光部分的占比是非常大的，所以天空会添加蓝色。调整"平衡"就是调整高光部分在画面中的范围，这里将高光的范围缩小，使肤色被还原，但是肤色中仍会带有一点蓝色（调整高光的范围就是在调整"平衡"，只有肤色中最亮的一部分才会被添加蓝色）。这样就可以做到肤色和环境色的平衡，而不至于肤色和环境色相差太多而产生作假感。

5.6.2　冷色调与暖色调

　　一张图片适合冷色调还是暖色调，这与前期拍摄的天气和后期所需的风格有很大的关系。不能将原本就是一张暖色调的图片强行调成冷色调，也不能将原本就是一张冷色调的图片强行调成暖色调。

冷色调

暖色调

冷暖相交的中间调

　　色调的冷暖与相机"白平衡"中的色温有关，但是调色的理念应该是"白平衡"始终要准，所以我在调色时不会调整Camera Raw滤镜中的色温，除非在前期的拍摄中特别不准时才会通过"白平衡"进行校正。如果想要为一张图片添加冷色调或暖色调，可以选择给画面中的影调添加冷色或暖色。

案例：暖色系唯美效果

» 素材位置：素材文件 > 第 5 章 > 案例：暖色系唯美效果
» 源文件位置：源文件 > 第 5 章 > 案例：暖色系唯美效果

📷 原片分析

唯美一定要有逆光（侧逆或正逆），所以挑选了这张图片。因为有光线的晕染，一般会将这类图调整为暖色系，这样唯美的效果才会更加突出。

📷 操作步骤

01 复制一个图层，先为色调做一个基本的调整，这里需要降低画面的对比和高光部分，并加深阴影部分，让画面获得更丰富的层次。执行"滤镜>Camera Raw滤镜"菜单命令，进入Camera Raw滤镜，然后在"基本"面板中设置"对比度"为-13，"高光"为-49，"阴影"为23，"白色"为-15，"黑色"为4。

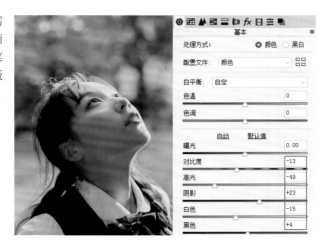

02 在"分离色调"面板中设置"高光"的"色相"为44，并设置"饱和度"为34，"平衡"为-20。这样可通过调整影调为画面添加暖色。

03 增加画面的曝光，在"色调曲线"面板中提高"中间调"，这时画面变得更加通透。

04 在"HSL调整"面板的"饱和度"选项卡中设置"红色"为6，"黄色"为25；在"明亮度"选项卡中设置"橙色"为23，"黄色"为22，"绿色"为47，"浅绿色"为68，"蓝色"为15，"紫色"为9，"洋红"为28。这里提高"黄色"的饱和度也是在增加暖色感，提高"橙色"和"黄色"的明度是在提亮肤色，提高"绿色""浅绿色""蓝色""紫色""洋红"的明度则是在提亮背景。

05 在"校准"面板中设置"蓝原色"的"饱和度"为14，增加皮肤的通透感。

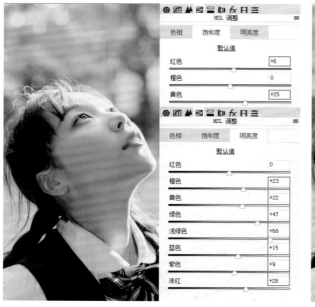

案例：冷色系复古效果

» 素材位置：素材文件 > 第 5 章 > 案例：冷色系复古效果
» 源文件位置：源文件 > 第 5 章 > 案例：冷色系复古效果

📷 原片分析

原图背景中有黄色和绿色两种颜色，黄色属于暖色系，而绿色是一个中性色。既然要将这张图处理成冷色系复古的效果，那么肯定要将背景的颜色调整成冷色调，所以要将黄色的色相往青和蓝色上偏。

📷 操作步骤

01 复制一个图层，先对色调进行基本的调整，降低画面的对比和高光部分，并加深阴影部分，从而获得柔和且层次丰富的画面。执行"滤镜>Camera Raw滤镜"菜单命令，进入Camera Raw滤镜，然后在"基本"面板中设置"对比度"为-17，"高光"为-68，"阴影"为62，"白色"为13，"黑色"为11。

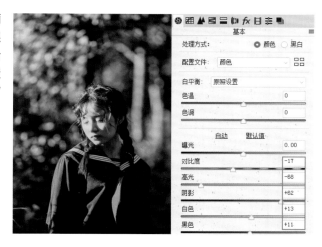

02 在"调整"面板中单击"可选颜色"按钮 ，在打开的"可选颜色"面板中选择"颜色"为"红色"，设置"青色"为-50%（加红色），"洋红"为-16%（加绿色），"黄色"为7%，"黑色"为12%。

03 选择"颜色"为"黄色"，然后设置"青色"为98%，"洋红"为60%，"黄色"为-61%（加蓝色），"黑色"为31%。因为黄色控制的是背景的颜色，所以黄色对背景产生的影响比较明显。这里想直接让黄色变成冷色系是比较难的，我们可以让黄色整体先偏向冷绿色，所以在黄色中添加大量的青色、洋红，并减少黄色。

04 背景中同样也有很多绿色，绿色不像黄色，它作为中性色，我们很容易将其调整为冷色调的青绿色或蓝绿色，甚至是蓝色。选择"颜色"为"绿色"，然后设置"青色"为100%，"洋红"为31%，"黄色"为-100%（加蓝色），"黑色"为-20%。

05 选择"颜色"为"青色"，然后设置"青色"为100%，"洋红"为57%，"黄色"为16%，"黑色"为-59%。

06 蓝色的调整对画面的影响不是很大，因为只有领口带有一些蓝色，所以略微调整即可。选择"颜色"为"蓝色"，然后设置"青色"为27%，"洋红"为16%，"黄色"为-36%（加蓝色），"黑色"为-44%。

07 冷色调的效果已经很明显了，但是环境色的比重较大，通过"可选颜色"的调整后，人物的肤色已经不是正常的肤色了。由于"可选颜色"是调整图层，因此我们可以通过"白蒙版"还原之前的肤色。使用"画笔工具" ✐ ，并设置"模式"为"正常"，"不透明度"为50%，"流量"为100%，然后用黑色画笔涂抹皮肤部分。

08 盖印可见图层，然后执行"滤镜>Camera Raw滤镜"菜单命令，进入Camera Raw滤镜。第一次在Camera Raw滤镜中调整是为了获得更好的层次，以便进行后续处理，而现在我们需要降低阴影，让画面显示的细节少一些，这样有助于画面的干净、整洁。

09 在"HSL调整"面板的"色相"选项卡中设置"黄色"为-9，"绿色"为31，"浅绿色"为100，"蓝色"为17；在"饱和度"选项卡中设置"绿色"为-25，"浅绿色"为24；在"明亮度"选项卡中设置"黄色"为-17，"浅绿色"为13。

5.7　继续学习

调色的基本知识已经讲解完了，但是只掌握工具的使用方法还远远不够，技术决定了修图水平的下限，而审美则决定修图水平的上限。

5.7.1　调色是感性大于理性的过程

调色是感性大于理性的过程，相信大家在学习了本章内容后已经有了清晰的认识。我们在调色的过程中很大程度上是依赖"感觉"的，再者是经过反复的对比和调整才能调出最终的效果。也就是说，哪怕先后两次调整同一张图，我们也不可能调整出一模一样的参数，但是只要符合日系所要表达的效果即可。

📷 每个人都有自己的审美

审美没有一定的标准，我们无法用言语解释和评价它，它是根据我们的阅历、经验，甚至是在我们生活的环境中慢慢培养的。经过不断的学习，有的事物总会影响到我们，使我们总是根据自己的想法做事。审美是一种意识形态，两个审美一致的人在一起一定能达成某种共识，如果是一群人或更多的人产生的共识，就是我们常说的"大众审美"。但是每个人的审美或多或少都是不同的，我们能在相同的地方达成共识，也能在相同的地方拥有自己的独特见解。调色的过程就是体现审美的过程，也是相互影响的过程，要想调出出色的色调，那么就要学会服从大众，再渐渐独立于大众。如果对自己的审美感到困惑，不妨欣赏他人的作品，找到自己喜欢的风格并学习它。总之，每个人都有自己的审美，虽然一个作品没有优劣之分，但是我们需要得到他人的认可。

📷 并不是了解了原理就能调好

调色是一个主观的过程。对于初学者来说，并不是了解原理就能调好色彩，调色是一种意识，可调的参数是固定的，我们只需要明白调色后可能会产生什么样的效果，我们的精力应该放在如何统一和搭配色彩。

5.7.2　后期不看重过程，只在乎结果

无论我们在修图的过程中使用什么方法和技巧，最终观者只能从我们修的图中看到一个模糊的印象，即我们"修完的图"是否好看。也就是说，无论我们采取什么思路和方法，只要最后能够修成一张好看的图就行了。Photoshop不像数学那样，只要做错了一步就会导致错误的结果。

Photoshop是艺术的桥梁，我们的作品就是艺术创作的结果。用Photoshop修图时，不要把它当作是复杂的公式，总是想着用各种工具去解题，修图没有固定的"套路"，虽然有的时候思路很重要，但是修图的思路也只是将我们领进日系人像后期的大门而已，它除了为我们引导一个正确的方向，节省修图的时间，并不能一直在学习的过程中给予帮助。调色更是如此，首先我们要知道自己喜欢什么，并怀着一颗勇于钻研的心去实践它。

5.7.3　适当学习别人的作品

初学者总是会问应该学习哪些知识可以快速入门日系调色，我建议找自己喜欢的摄影作品，无论是针对摄影前期还是修图后期，找到这些作品的优点，并分析这些作品的构图、配色等专业知识，只有思考并感受过，修图技巧才能逐渐提升。我们每天都要看很多图，来自手机、计算机或电梯里的广告等，但是大部分对我们的学习是没有用的。我们参考真正的好作品，才是学习调色的捷径。

初学者与他人的差距就在于个人的意识和审美上。对于调色来说，审美能力才是重要的，如果我们连"美"和"好"都不知道，那是不可能调好色的，所以接下来在第6章为读者讲解多个日系摄影师的作品，分析并学习他们作品的特点。

第 6 章

日系代表摄影师的后期调色风格

- 环境色、肤色、高光、中间调和暗部对色调的影响
- 不同日系摄影师的后期调色风格
- 人像后期调色的基本思路

虽然调色是一项有规律可循的技术，但是调色也是一项很复杂的工作，这不仅需要我们掌握基本技法，还需要具备较高的审美能力，这样才能为今后的创作打好基础。

本章旨在通过日系代表摄影师的后期调色风格来说明环境色、肤色、高光、中间调和暗部这5个方面对色调的影响，让大家学会分析和辨别色调的优劣。另外，我还总结分享了多年的修图经验，并通过一些实用的技巧来说明调色的思路。

6.1 日系摄影师的后期调色风格

在学习日系摄影师的后期调色风格之前，首先要明白模仿他人的调色风格并不是抄袭，因为一个好的作品是在学习的基础上融入自己的理解并创作出新的内容，所以对于初学者来说（基于目前的阶段），模仿是一个很好的学习方式，模仿并虚心学习摄影师的调色风格，能快速帮助大家度过迷茫的阶段，并提高审美能力。此外，我们还要明白什么样的作品才是好的作品，什么样的色调可以与自己的图片结合。本节就这两点内容分析一些日系摄影师的作品，通过学习他们的色调和风格，找到一些可用的技巧。

6.1.1 岩田俊介

- **风格特点：** 大面积留白。
- **推荐指数：** ★★★★
- **主色调：** 青色和蓝色。

如右图所示，岩田俊介的这张作品大部分修图师都见过。我们从中可以看到日系摄影讲究对天空进行"大留白"的特点在其作品中得到体现，这也成为他的作品的主要特点。

📷 5 点分析法

将需要分析的5点标准通过箭头标注出来，如下图所示。其中的环境色就是背景色，这里的天空即为背景；肤色在这里显示得比较黄，这种黄色是因阳光的照射造成的，但是在整个画面中不会显得突兀，是一种比较讨喜的肤色。在人像图片中，暗部是人物的头发，这张图的头发没有带其他明显颜色。高光是衣服上的亮部，经阳光照射后呈现自然的暖色调，而中间调则是衣服上的投影，也没有呈现其他颜色。

这张图的后期处理非常简单，主要处理天空和皮肤的颜色。调整天空的色相，使蓝色逐渐偏向青色；皮肤可以略微添加一些黄色或在"可选颜色"中进行调整。调整这张图不需要使用"色彩平衡"和"分离色调"。

天空　　　　　　　　　　　　　　　　肤色

提示 大家都知道黄色和蓝色是一对互补色，但是这里的蓝色和黄色都偏灰，所以看起来并不会感觉难受，反而成为一组经典的对比色搭配。

配色参考

　　如下图所示，这几张作品是拍摄的原片，可见在拍摄前期就已经能决定色调的方向了。在岩田俊介的作品中，并不是所有的作品都会呈现这样的色调，只是在他的拍摄风格中显得比较突出。这也说明了前期拍摄十分重要，作品的优劣首先是从前期的拍摄内容和拍摄手法来判断的，后期则是一个加分项。

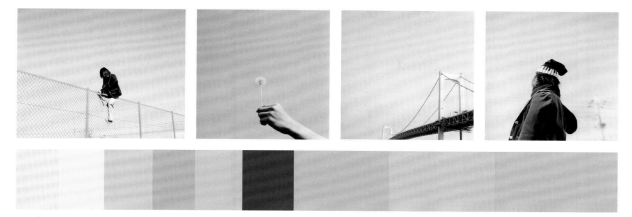

> **提示**　岩田俊介拍摄的作品都是使用胶片完成的，因此想要通过数码相机来模仿胶片拍摄的色调，我们只能尽可能地接近，要做到与其一模一样是不太可能的。

6.1.2　川内伦子

- **风格特点：** 极其细腻的画面和大色块。
- **推荐指数：** ★★★
- **主色调：** 青色和蓝色。

　　在我的眼中，川内伦子是一个很会观察生活的人，她的作品让人感到非常舒服。同样使用胶片拍摄，川内伦子的作品更注重内容的美感，如下图所示。这种风格具有一种真实自然的感受，就像生活中经常能看到的画面，却不曾发现过它的美好，而她的作品总能将生活中我们不曾注意的物体的闪光点发挥出来。

5 点分析法

　　下面这张图比较典型，碟子的投影（暗部）并没有多余的颜色，纯白色的碟子属于高光部分，却有明显的青色，西瓜具有的红色属于中间调，也没有偏色。

下面用川内伦子的一张原片来试着模仿她的调色风格，只需要通过"色彩平衡"便可以做到，如下图所示。

📷 配色参考

川内伦子的作品从来就没有非常复杂的颜色，纯净、干净的色彩和色块的运用就是她的配色风格。正是因为有这种色调的组成，她的作品才具有日系风格所强调的干净自然的画面，如下图所示。

6.1.3　小林纪晴

- **风格特点：**颜色较重、青色较重。
- **推荐指数：**★★
- **主色调：**蓝色和青色。

在小林纪晴的作品中，大多数画面的颜色都比较重，给人一种叠加了厚重滤镜的感觉，如下图所示。

📷 5 点分析法

如果说其他摄影师的作品是偏蓝色的，那么小林纪晴的作品就"发青"得厉害。如下图所示，无论是环境色还是肤色，黑色和阴影中都有很重的蓝色，高光部分呈现的也是由黄色的阳光染上了青色后的效果，而红色的饱和度很低。小林纪晴的个人特色是非常鲜明的，后期模仿的思路也很简单。

小林纪晴的作品仍然是干净自然的，只是颜色有些重。过重的颜色需要环境色的统一，所以在他的作品中，每一项内容都有很明显的青色，就连大面积的天空、明亮的高光、鲜艳的红色等都不例外，也正是因为这样，保证了色调的统一，画面看起来更干净。

6.1.4　Iwakurashiori

- **风格特点：**澄净、透明。
- **推荐指数：**★★★★★
- **主色调：**冷色调为蓝色，暖色调为黄色。

Iwakurashiori的作品效果一直是我学习的方向，如下图所示。她在网络上拥有不少粉丝，可见她的作品很受大众的喜爱。

5 点分析法

Iwakurashiori擅长的是环境人像摄影，在她的作品里很少能看到人物的正脸，似乎图片的主体都不只是人，而是人与自然的结合。她善于用光来表达环境氛围，使高光部分散落在画面的每一处，既有澄净的氛围，又强化了画面的对比；阴影部分也是有层次的，会偏向淡淡的蓝色和青色。

　　Iwakurashiori一直使用Contax胶片相机拍摄作品，对颜色的协调掌控非常好，因此她可以针对不同的主题熟练地调整不同的风格。她在作品中调出的蓝色和黄色非常漂亮，既能与高光部分形成对比，又能与阴影部分和谐统一，如下图所示。

　　以黄色调为主的日系图片确实不多，但判断日系不能仅凭色调来决定。日系不一定都是冷色调，暖色调也不一定不是日系，是不是日系还得根据拍摄主题来决定，只是在大部分的日系摄影作品中，经常出现的青蓝色调更符合日系干净自然的特色。

提示 以上介绍的几位日系摄影师主要拍摄小品、环境或环境人像，下面介绍以人像摄影为主的摄影师。

6.1.5　加藤纯平

- **风格特点：** 肤色通透、环境色低调。
- **推荐指数：** ★★★★
- **主色调：** 高光、蓝色。

　　加藤纯平并不像滨田英明那么有知名度，但是他的人像作品无论是在前期的内容上还是在后期的色调上都非常值得我们学习。

📷 **5 点分析法**

　　加藤纯平的摄影作品的特点在于肤色和环境色（高光）的结合。在下图中，高光有一点微微的蓝色，这是在Camera Raw滤镜中调节了"分离色调"，我们来分析其中的参数，在"高光"中添加了一点点的蓝色（"色相"在220左右），降低"平衡"后就能呈现这样的颜色；肤色的处理则是在黄色中添加了一点蓝色，使其具有通透感。

同样是日系作品,加藤纯平的摄影作品更加复古,由于他的作品均是以人像作为重点,因此人物的服装、配饰等也是一大特色,这也影响到了整体的色调。如下图所示,在以蓝色为主色调的氛围中,一些古朴的颜色起到了点缀的作用,此外他对颜色的明度和饱和度也把控得很好。

6.1.6 青山裕企

- **风格特点:** 低对比、低饱和。
- **推荐指数:** ★★★
- **主色调:** 灰。

与其他摄影师相比,青山裕企的摄影作品的特色就比较明显,他的作品属于低对比、低饱和的色调风格,如下图所示。虽然他的风格在大多数人的眼中可能不是很受欢迎,但是青山裕企拍摄的JK制服主题的摄影作品是相当不错的,不过这也基于他在前期拍摄的过程中就已经对色调掌握得很好了。

📷 5 点分析法

下图出现3种颜色,即橙色(肤色)、黄色(零食)和红色(领结),可从这三者的饱和度中得出"黄色>橙色>红色"的结论。青山裕企的作品都属于低饱和度的图片,但是低饱和度并不代表它就是黑白图片。因为即使是低饱和度的图片,它的整体色调始终是统一的,并具有一定的颜色倾向(整体色调可以通过"色彩平衡"的"中间调"来调整)。低饱和度的优点还体现在画面的舒适度上,由于其中的色调不会显得太突兀,因此能够使人的情绪得到安抚。

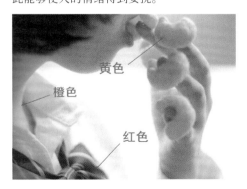

黄色
橙色
红色

除了使用邻近色来搭配，青山裕企也常常采用互补色形成对比效果，强烈的对比令人耳目一新，这在低对比、低饱和的画面中起到点缀作用。如果是在阳光的照耀下，将色彩的明度和饱和度提高一点点，也是一种非常不错的效果。

6.1.7　滨田英明

❮ **风格特点：** 简单、干净、明亮。
❮ **推荐指数：★★★★★**
❮ **主色调：** 黄色和蓝色。

滨田英明是我在后期调色中一直在研究的摄影师，他通常使用Pentax67ii胶片相机拍摄，偶尔也使用数码相机。这里建议大家学习滨田英明对画面中的环境色和肤色的平衡，掌握皮肤的干净和通透感，了解皮肤的高光、中间调和阴影的调色思路。

如右图所示，按照常理来说，沙滩应该是非常淡的黄色沙子，不可能具有图中这么多的蓝青色，白色衣服应该是纯白色，却中和了一些蓝色，黄布的最上端是受光照最强的高光部分，但是黄色中也泛着轻微的蓝色。画面中没有绿色，只有橙色、黄色和蓝色3种颜色存在，给人的感受是干净而清爽。

提示 其实沙滩上的草原本是绿色的，在后期中却处理为黄色。

📷 5 点分析法

　　观察皮肤的颜色，高光中带了一点微蓝色，因为肤色是由多个影调组成的，如高光、中间调和阴影等，如果在拍摄时人物面部的影调偏少或只有一种色调，那么很容易使面部轮廓不够突出，皮肤显得平整。如右图所示，中间调和暗部的颜色都是偏橙黄色的，唇色是往橙色偏的淡粉色。

> **提示**　滨田英明的作品里很少出现红色（除非有目的性的红色或大面积的红色），原本是红色的内容也会经过后期处理而使色相往橙黄色上偏。

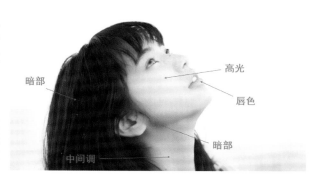

　　在上面右图中，头发的暗部没有其他颜色，但是在滨田英明的其他作品中暗部是有其他颜色的，下图的头发就有明显的蓝青色。

　　下图是逆光拍摄的，呈现了一种唯美、朦胧的效果，由于画面"过亮而不曝"，因此我们可以看到肤色的饱和度是很低的，但是头发上的蓝色非常深。

📷 配色参考

　　在滨田英明的作品中，我们可以很明显感觉到日系感非常浓厚，画面的颜色也非常丰富，肤色和环境色高度统一，我们主要学习如何统一画面的色彩。

6.2 日系写真人像的后期及调色要点

一个摄影师的作品可能有多种风格，不同摄影师的作品风格也可能有相似的，在学习某一种后期调色风格时，要先分析这一风格作品的共同点。

6.2.1 日系就一定是小清新吗

日系是一个比较大的门类，虽然小清新属于日系，但是日系并不仅指小清新，正如森女系同样也只是日系的一种风格。"日系"这个词有多种解释，它的含义非常广泛，但是对于日系后期来说，我们可将其大致总结为"干净而自然的画面"。认识到这一点，就对日系风格有了初步的认识，那么在处理的时候也就能熟练地通过Photoshop调整出我们想要的画面。

如果让我给日系风格提炼几个关键词，那么就是"干净""清淡""空气感""青色""通透""清新""自然"等。当然日系不仅仅由这几个词就能完全概括，也不是所有的图片经过一定的后期处理就能得到与日系风格一样的效果。我们要清楚地认识到，后期始终是为前期服务的，好的后期对前期起到加分的作用，所以想要得到日系的效果，作品在摄影时就要具备日系的特征。不论是前期还是后期，"干净的画面""自然的内容""真实的情感"永远是我们表达的方向。

后期不像前期一样能够轻松对画面中的内容进行把控，修脏、修形等处理仅仅是去掉画面中那些不好的内容（还可能留下处理的痕迹），日系风格想要通过后期来表现干净的画面，就需要从影调和色彩方面下功夫。

6.2.2 日系调色的基本思路

我们拿到需要后期处理的作品时，脑海中就要有"我要怎么去调""想要得到什么样的效果"的思考过程，往什么方向去调整就是基本思路。下面分享我在调色时的思考过程。

📷 "过亮而不曝"的处理

在讲解日系风格的后期处理技巧时，提到过"过亮而不曝"的处理手法，它不仅是常用、有效的处理方式，还是表达"干净的画面"必须要掌握的一项技术。

在使用Camera Raw滤镜进行初步调整时，可以通过调整"曝光"和"黑色"得到一个看似比较"灰"的画面，降低"高光"则是让原片在初步调整时获得一个拥有更多层次的画面，以便接下来进行后续调整。除此之外，在提高曝光的时候，还要注意画面本身具有的高光区域，如"天空""水面""白色衣服"等，因为这些颜色属于浅色系，哪怕只是稍微的处理都容易过曝，那么什么叫作"过曝"呢？

过曝区域中物体与原本的固有色差别非常大或过曝区域呈现一片白而导致部分画面毫无细节，这两种情况都属于过曝。第1种情况就像原本是黑色的衣服，被后期硬生生调整成了淡灰色，这肯定是不对的；而第2种情况则表示"过曝"的区域就是白色，既然是纯粹的白色，那么就是毫无细节的。

如右图所示，这种图片就属于"过亮而不曝"，虽然感觉整体非常明亮，但是并没有过曝，这种干净、明亮的画面反而让人感到舒服。当然"过亮而不曝"的画面只是为了让画面干净，让其具有日系风格的特点，但归根结底，这仍然只是应用于日系后期处理的一项技术。

局部和细节的处理

经过Camera Raw的调整后，我们可以得到一张影调清晰的图片。要记住，经过初步调整后的图片一定是状态不错的，这样才能继续对画面的内容进行调整。在调整影调和画面内容的过程中可以不用调色，只需要处理画面的曝光、影调、细节，以及进行磨皮、液化，这就像打地基一样，将图片调整成一个合适的状态再去调色才是正确的思路。

肤色和环境色的处理

一般来说，大多数人习惯将调色放在最后一步，当然这只是修图的常规思路。在进行后期处理的过程中，每一个环节都可能要循环操作，没有规定一定要把调色作为最后一个步骤，我们也可以在调好色后再微调影调，有时还可能遇到因为调色后皮肤变"花"了（磨皮没磨好）等情况。循环的调整要注意次数，不要过于频繁地使用Camera Raw滤镜，因为我们每次使用都是在损失画面内容，当使用的次数过多时，图片就有可能失真（色彩断层），所以尽可能地通过较少的调整次数调整到理想的状态。

调色顺序是非常重要的，也是有一定规律可循的，根据我的经验，一定要先调好肤色，再调整环境色，最后调整平衡。如果先调整环境色，那么肤色肯定会受到影响，这时应该通过蒙版将肤色分离出来，再单独进行调整，此时的肤色和环境色肯定很违和，调色就会出问题；如果先调整肤色，再调整环境色，环境色肯定会影响肤色，这时用蒙版降低环境色对肤色的影响，最后平衡环境色和肤色，这样的顺序相对来说才是正确的。

6.2.3　胶片对调色的影响

日系风格的原片大多数是使用胶片相机拍摄的，由于这些图片会根据胶片或相机冲扫情况的不同而使画面的风格发生改变，因此不同品牌的胶片具有其特有的色调，如Fuji胶卷和Kodak胶卷在同一种扫描仪下的画面会有一些差异。尽管不同的设备之间存在或多或少的差异，但是在摄影师的眼中，与其说是差异，倒不如说是特点。下面是使用Fuji C200、Kodak G200和Kodak mx400拍摄出来的图片（使用的都是135胶片），可以对比观察三幅图片的区别。

Fuji C200

Kodak G200

Kodak mx400

虽然使用胶片拍摄能够得到一些较有特色的原片，但是摄影师还是会通过Photoshop来调整画面。到目前为止，我的大部分作品都是使用胶片完成拍摄的。

提示 不是使用胶片就不需要后期处理了，因为在使用扫描仪将底片扫描成数字文件的过程就是翻拍胶片的过程，所以需要调整翻拍的胶片，甚至调整完成后再使用Photoshop调色。

6.2.4　调色与内容的关系

调色虽然有固定的顺序，但是并不一定要按照一模一样的步骤处理每一张图片，也不是想怎么调色就怎么调，我们需要根据图片的内容进行细致的调整。因此调色与图片的内容、拍摄的环境、所处的色温，甚至与人物的情绪、拍摄的时间和季节等都有关系。

📷 不同的环境

当拍摄时间在早上或黄昏时，也就是太阳刚出来不久或快下山的时候，环境和色温都偏暖，如果此时想要调成冷色调是比较困难的，而且也没有这个必要。

当太阳来到头顶时，拍照是比较有难度的，但是此时的色温接近白色，因此色调既不冷也不暖，这时就可以根据图片的内容调成冷色调或暖色调，也可以使画面的效果不冷也不暖。

环境对色调的影响非常大，环境本身是有色彩的，我们可以通过改变环境色的色相来改变整体的色调，或根据环境的影调去减少或添加颜色。下面的例子就是通过改变环境色的饱和度和明度来改变环境色色相的，当然这两张图哪一张更好看，就因人而异了。

调色会受到气候的影响，如与不同季节有关的作品在色调的表现上是不同的。

春 夏

秋

冬

在室内拍摄不受阳光的影响，就算有阳光的照射，光线也是具有方向性的，这时候的色调就可以根据自己的意愿任意调整了。

特殊时间段的光照（朝夕阳）对图片的影响很大，此时的光线角度可以起到渲染的作用，所以由暖阳带来的环境氛围是非常好看的。

📷 色调的统一

　　总而言之，调色的思路是多变的，不应该受内容和思维的限制，但是无论怎样调整，吸引人的色调一定是符合日系原则的。在日系摄影中，干净的画面不单是指内容或构图，也是指在调色上色彩的干净。要想让色彩干净，就一定注意不要有过多的杂色。从下面这张原图中可以看到背景的颜色有黄色和绿色，如果让两者的色相靠近，使其成为更接近的颜色，或降低某一种颜色的饱和度，从而降低色彩的反差、减淡画面，这样背景就不会显得杂乱，也就更加干净整洁了。

下面是将图片通过Camera Raw滤镜调整出的大致效果，可以看出为了让色调更加通透，不仅在黄色和绿色上做了调整，还增加了蓝色的饱和度和明度，此外还为高光部分添加了蓝色，直接改变了画面的氛围，以上是针对环境色进行的调整。针对肤色，这里添加了大量的橙色和黄色，黄色和红色、橙色和绿色是比较接近的两组颜色，所以此时的色调在一个偏冷的色调中统一，调色思路如下。

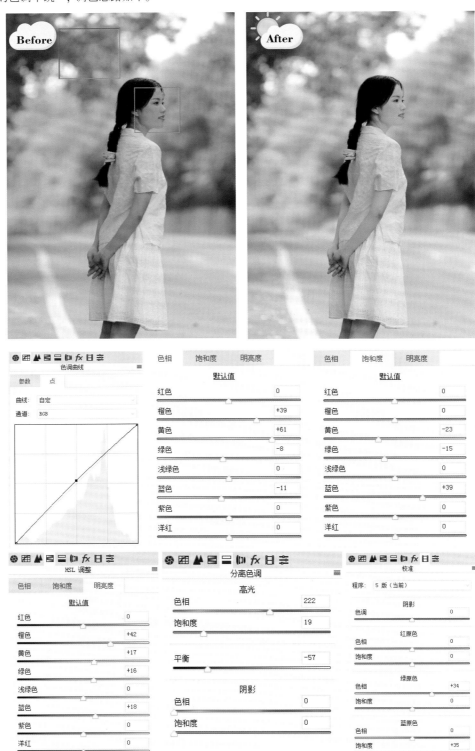

第 7 章

后期综合实战之

气候变化

- 不同天气拍摄的写真如何后期处理
- 不同季节拍摄的写真如何后期处理

相信大家已经对日系写真人像的后期处理有了全面的认识。前 6 章的内容都还停留在理论知识层面，本章将开始进行实战演练，针对不同的气候环境列举了 6 幅具有代表性的图片进行分析和讲解，非常适合初学者学习。

7.1 天气变化

我们不能保证在拍摄过程中不会遇到极端的天气环境，为了不耽误工作的进程，很有可能会拿到一张效果非常差的图片，仅仅依靠后期处理成日系风格非常考验修图师的能力，对初学者来说，甚至不知道应该从哪里下手。本节将有针对性地对夜景和雨景人像进行处理，这也是两个非常有特色的专题，即使没有这样的图片，我们也可以有意识地拍摄几张，以丰富作品的类别。

7.1.1 夜景少女

» 素材位置：素材文件 > 第 7 章 >7.1.1 夜景少女
» 源文件位置：源文件 > 第 7 章 >7.1.1 夜景少女
» 视频名称：7.1.1 夜景少女

扫 码 看 视 频

📷 原片分析

原片是在傍晚拍摄的，环境十分昏暗，也没有采取任何补光措施，能够体现人像细节的光源仅来自少女手中的烟花，光线严重不足，甚至不能看清少女的面部轮廓。我们需要先调整整体的曝光度，将其调整到能够清晰地看到人像的细节为止，这样才能进行后续的操作。可以发现人物的脸颊过宽、刘海部分出现残缺、露出的皮肤颜色使画面不整洁等问题。

> **提示** 虽然夜景人像比较难拍摄，但是它的后期处理相对来说反而比较简单，因为夜晚的光线不足，背景比较暗，所以画面看起来很干净。我们在拍摄夜景人像时，可以将拍摄参数调整到欠曝状态，这样可以拥有更多的细节，以便后期调色。夜景人像的调色技巧远远少于其他人像，重点是把控画面整体的氛围。

📷 增加曝光

执行"滤镜>Camera Raw滤镜"菜单命令，进入Camera Raw滤镜，然后在"基本"面板中设置"曝光"为1.30，"对比度"为18，"高光"为-31，"阴影"为49，"白色"为-19，"黑色"为16。这时画面已经提亮，我们可以看到诸多细节，也能看到很多在之前看不到的问题，如头部上方预留的空间较少，使画面有些压抑，我们需要先解决这个问题。

> **提示** 每张图片在后期处理时的调整顺序都大同小异，只是根据每张图片的不同情况调整参数。切记不要背参数，因为每张图片的参数都不相同。

📷 二次构图

01 返回Photohshop界面，复制"背景"图层，然后执行"图像>画布大小"菜单命令，在打开的"画布大小"对话框中设置"高度"为62.31厘米，"画布扩展颜色"为"背景"，并使填充的背景色为"白色"，单击"确定"按钮 `确定`。由于图片高度得到扩展，并设置了一个与宽度相同的参数，因此这时的图片是一个上下都留有白边的正方形。

02 隐藏"背景"图层，然后使用"矩形选框工具"🔲框选图片部分，接着使用"移动工具"✛将图片向下拖曳，多余的部分则显示为像素图状态。

03 使用"魔棒工具"🪄单击多出的部分，使其生成一个选区。按快捷键Shift+F5打开"填充"对话框，然后设置"内容"为"内容识别"，单击"确定"按钮 `确定`，为选区填充天空。

04 按快捷键Ctrl+D取消选区的选择，仔细观察天空会发现，填充的部分与原图在连接处衔接不自然，因此需要使用"修补工具"🩹进行修补。

> 💡 **提示** 填充的"内容识别"是一个智能识图功能，虽然这个功能可以使我们的工作更加便捷，但是仍然有很多缺点，如在衔接处可能过渡不自然，或者识别的部分与其他地方出现重复，这时通常使用"修补工具"🩹将其修补自然。

05 现在图片的长宽比为1∶1，但这里还是横幅的画面更好看，因此对图片进行裁剪。使用"裁剪工具"🔪，然后单击鼠标右键并选择"4∶5（8∶10）"选项。

📷 液化修形

01 复制并创建一个"液化"图层，然后执行"滤镜>液化"菜单命令，进入"液化"滤镜。使用"向前变形工具" ⤶ 对少女的脸颊进行修饰。

02 使用"脸部工具" ⅄ 缩小脸颊和鼻翼，并放大眼睛。

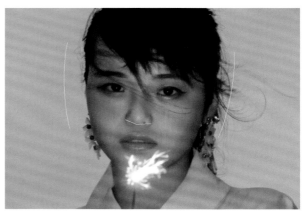

📷 为皮肤磨皮

因为原片的感光度很高，所以画面中出现了不少噪点。我们可以不用Camera Raw滤镜来降噪，只需要将面部的噪点降低一些，让皮肤看起来光滑即可，因此这里使用磨皮插件进行简单处理。复制并创建一个"磨皮：插件"图层，然后执行"滤镜>Imagenomic>Portraiture"菜单命令，进入Portraiture滤镜，接着用"吸管"吸取面部皮肤。

提示 磨皮插件本来就是一个可以降噪的工具，通过磨皮插件来处理可以让我们的工作变得更简单。

📷 补头发

01 复制并创建一个"补头发"图层。放大图片并选择"仿制图章工具" 🖋，为了更快速地补充刘海，使用默认的参数即可，按住Alt键并单击头发，然后在没有刘海的地方涂抹。

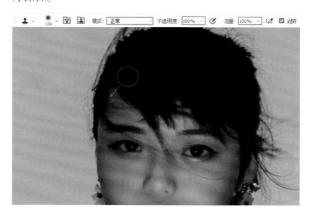

02 这时补好的刘海看起来有些生硬，将该图层的"不透明度"降低到82%。

📷 精致调色

01 面部的颜色过于偏橙红，需要降低红色和橙色的饱和度，提高红色和橙色的明度。复制并创建一个"ACR"图层，执行"滤镜>Camera Raw滤镜"菜单命令，进入Camera Raw滤镜，在"HSL调整"面板中设置"色相"选项卡中的"橙色"为13；在"饱和度"选项卡中设置"红色"为-12，"橙色"为-24；在"明亮度"选项卡中设置"红色"为12，"橙色"为25。

02 在"校准"面板中调整肤色，设置"红原色"选项组中的"色相"为11，"饱和度"为11；在"绿原色"选项组中设置"色相"为7，"饱和度"为4；在"蓝原色"选项组中设置"色相"为-2，"饱和度"为4。

03 再一次调整画面的影调，加深对比。在"基本"面板中设置"曝光"为-0.05，"对比度"为32，"高光"为-6，"阴影"为35，"白色"为-12，"黑色"为7。

04 改变影调会影响画面的明度和饱和度，特别是饱和度。在"HSL调整"面板中设置"饱和度"选项卡中的"橙色"为-15，可以使肤色变白；在"校准"面板中设置"蓝原色"选项组中的"饱和度"为23，可以让肤色更加通透。

05 返回Photoshop界面，按快捷键Ctrl+M打开"曲线"对话框，将"黑点""高光"提高，"白点""阴影"保持不变。

06 使用"曲线"后，人物的肤色变得过于偏红、偏橙，需要继续调整肤色。执行"滤镜>Camera Raw滤镜"菜单命令，进入Camera Raw滤镜，在"HSL调整"面板中设置"色相"选项卡中的"橙色"为9；在"饱和度"选项卡中设置"红色"为-21，"橙色"为-13；在"明亮度"选项卡中设置"红色"为7，"橙色"为1，完成夜景少女的修图。

7.1.2 雨天少女

» 素材位置：素材文件 > 第 7 章 >7.1.2 雨天少女
» 源文件位置：源文件 > 第 7 章 >7.1.2 雨天少女
» 视频名称：7.1.2 雨天少女

扫 码 看 视 频

Before

After

📷 原片分析

在雨天拍摄时，摄取的画面很容易偏灰，同时背景也会显得杂乱。虽然原片的曝光是准确的，但是我们还是能看出图片效果并不好，而且人物的校服是一个比较深的颜色，所以很容易给人一种欠曝的感觉。这里同样需要提高曝光，同时"做灰"画面，减少对比度，让画面变得明亮并且通透起来，处理成日系风格。

📷 初步调色

01 执行"滤镜>Camera Raw滤镜"菜单命令，进入Camera Raw滤镜，在"基本"面板中设置"曝光"为0.15，"对比度"为-8，"高光"为-63，"阴影"为33，"白色"为-30，"黑色"为23，"清晰度"为-3，"自然饱和度"为3，"饱和度"为-5。这一步提高了一点曝光，让画面的层次尽可能显示出来，同时"做灰"了画面。另外，降低"高光"和"白色"是为了压暗伞和背景的亮度，也是为了显示出层次；"黑色"控制的是衣服的颜色，提高"黑色"的亮度也是一样的道理。

02 完成基本的调色后，接下来是对画面的基调进行调整。在"HSL调整"面板中设置"色相"选项卡中的"橙色"为6，"黄色"为7，"绿色"为27，"浅绿色"为15，"蓝色"为-7；在"饱和度"选项卡中设置"黄色"为-47，"绿色"为-18，"浅绿色"为26，"蓝色"为-11，"紫色"为-32，"洋红"为-9；在"明亮度"选项卡中设置"红色"为6，"橙色"为16，"黄色"为38，"绿色"为34，"浅绿色"为-24，"蓝色"为-31，"紫色"为40，"洋红"为23。

提示 有的读者可能会有疑问，按照之前所说的顺序不是应该进行磨皮和液化的处理吗？但是如果我们继续进行磨皮和液化的处理是需要返回Photoshop中进行调整的，这个过程就比较麻烦。我们尽可能使用Camera Raw滤镜一次将图片调整到大概想要的效果（包括肤色和环境色），这对磨皮和液化是没有影响的。

HSL 调整			HSL 调整			HSL 调整		
色相	饱和度	明亮度	色相	饱和度	明亮度	色相	饱和度	明亮度
默认值			默认值			默认值		
红色		0	红色		0	红色		+6
橙色		+6	橙色		0	橙色		+16
黄色		+7	黄色		-47	黄色		+38
绿色		+27	绿色		-18	绿色		+34
浅绿色		+15	浅绿色		+26	浅绿色		-24
蓝色		-7	蓝色		-11	蓝色		-31
紫色		0	紫色		-32	紫色		+40
洋红		0	洋红		-9	洋红		+23

先调整肤色，再调整环境色

我们在调色时使用"先调整肤色，再调整环境色"的顺序是正确的，但是在调整肤色之前，需要观察画面的颜色是否干净。原图中草坪的颜色（黄绿色）的饱和度非常高，这对肤色产生了不好的影响，我们需要先降低背景的颜色，即将"黄色"和"绿色"的"饱和度"都降低，然后将"明亮度"提高。但是这样处理还不够，黄色还是黄色，绿色还是绿色，于是将"黄色"的色相稍微向"绿色"偏，让草坪的颜色比较统一，这样画面就会干净很多，也就有了日系风格的特点。

03 不需要同时调整高光部分和阴影区域，只需要调整高光部分。在"分离色调"面板中为"高光"添加一个"色相"为222的蓝色（即设置"色相"为222），并设置"饱和度"为23，"平衡"为-67。地面、天空和透明伞都是由高光控制的，并且在画面中的占比较大，此时画面的色调偏向蓝色。

04 用"校准"来调整肤色。在"校准"面板中设置"红原色"选项组中的"色相"为17，"饱和度"为-23；设置"绿原色"选项组中的"色相"为22，"饱和度"为-17；设置"蓝原色"选项组中的"饱和度"为41。因为想要饱和度比较低的日系画面，所以降低"红原色"和"绿原色"的"饱和度"，并使"色相"向右偏，最后通过增加"蓝原色"的"饱和度"来增加画面的通透感。

05 通过调节曲线再次加深画面的通透感。在"色调曲线"面板中选择控制点，提高"高光"和"中间调"，降低"白点""阴影"和"黑点"。

提示 这条曲线的设置方法是通用的，以后还会经常遇见，读者可以牢记。

为皮肤磨皮

01 返回Photoshop界面，复制并创建一个"磨皮：去瑕疵"图层。仔细观察面部的瑕疵，使用"修补工具" ⊕ 对以下部位进行处理。

03 复制并创建一个"磨皮：插件"图层，然后执行"滤镜>Imagenomic>Portraiture"菜单命令，进入Portraiture滤镜，接着用"吸管"吸取面部皮肤。

02 复制并创建一个"磨皮：去阴影块"图层，然后观察面部的阴影块，接着选择"仿制图章工具" ▲，并设置"模式"为"变亮"，"不透明度"为46%，"流量"为40%，对以下部位进行处理。

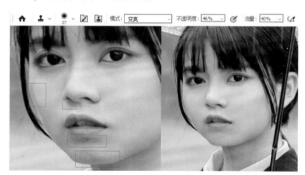

液化修形

01 复制并创建一个"液化"图层，然后执行"滤镜>液化"菜单命令，进入"液化"滤镜，使用"面部工具" ◯ 调整五官。

02 使用"向前变形工具" ◯ 稍微缩小鼻翼。

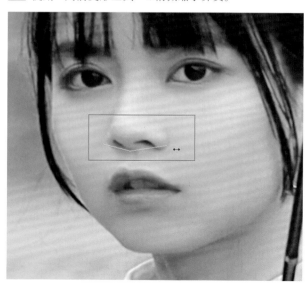

03 使用"面部工具"⍟调整眼睛的角度和大小。

04 使用"面部工具"⍟降低额头的高度。

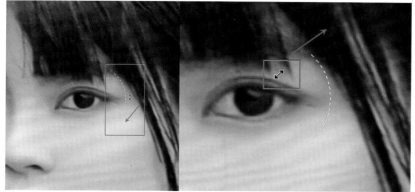

05 五官调整后，对脸形进行调整。调整脸形前，先使用"冻结蒙版工具"将伞柄冻结，防止调整时伞柄变形，然后使用"向前变形工具"⍟缩小下巴和颧骨。

提示 在使用"向前变形工具"时，建议先使用大画笔推，再使用较小的画笔微调。

06 使用"解冻蒙版工具"解冻之前涂抹的伞柄。

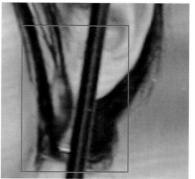

07 使用"向前变形工具"⍟时可能会使某些地方变形，所以需要使用"重建工具"还原不需要变形的部分。

08 调整五官和脸形后，使用"向前变形工具"⍟调整头型。

09 使用"向前变形工具"⍟调整身体和四肢。

精致调色

01 复制并创建一个"可选颜色"图层，然后在"调整"面板中单击"可选颜色"按钮 ，在打开的"可选颜色"面板中选择"颜色"为"黑色"，黑色控制的是衣服和头发，设置"青色"为43%，"黄色"为-4%（加蓝色）。

02 将画面的对比度降低后，少女的眼睛看起来不太明亮。因为使用了"可选颜色"，有了调整图层的存在，所以先盖印可见图层，再复制一个图层对眼睛进行处理。执行"滤镜>Camera Raw滤镜"菜单命令，进入Camera Raw滤镜，然后在"径向滤镜"面板中设置"曝光"为1.20，"对比度"为36，"高光"为17，"阴影"为43，"白色"为11，"黑色"为-30，"清晰度"为13，"饱和度"为-29，"羽化"为83，并选中"内部"选项。

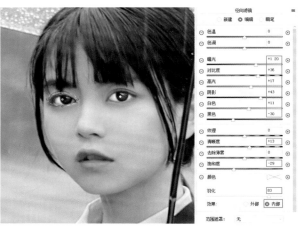

03 这时少女的眼睛过亮，盖印并复制图层的优势就体现出来了，降低该图层的"不透明度"至21%，比原图的眼睛稍亮即可，这种程度是比较自然的。

04 调整图层需要盖印，调整"不透明度"的图层也需要盖印。

05 执行"滤镜>锐化>USM锐化"菜单命令，打开"USM锐化"对话框，设置"数量"为80%，"半径"为1.0像素，"阈值"为4色阶，单击"确定"按钮。

提示 这一步设置的参数是通用的，读者可以牢记。

四季变换

日系风格追求的是"自然",指得到自然真实的画面。四季是每一位摄影师或修图师都离不开的主题,而四季的变换正是自然的变化,春、夏、秋、冬俨然是4个具有不同特点的季节,非常适合初学者练习后期及调色。

7.2.1 春少女

» 素材位置:素材文件 > 第 7 章 > 7.2.1 春少女
» 源文件位置:源文件 > 第 7 章 > 7.2.1 春少女
» 视频名称:7.2.1 春少女

扫码看视频

📷 原片分析

春季是四季中的第一个季节,也是万物复苏的季节,春天的天气温暖适中,阳光温和明媚,令人陶醉神往。原片出现了代表日系风格的小物件,是一张非常典型的日系风格写真。但是这张作品的色温并不正常,不仅色调灰暗,画面还偏向洋红。如右图所示,"白平衡"是前面没有讲过的选项,其中包括"色温""色调",在前文提到过,调整"白平衡"不会损失RAW格式图片的画质,本例的图片正好是RAW格式。

🔍 问:如何判断一张图的白平衡是否准确?

答:看画面中的"白色"是不是真正的白色,即这个"白色"是不是物体原本的白色,如白衣服、白墙等。如下图所示,除了少女的衣服外,云朵也呈现白色。

但是如果只是观察白色的物体,我们可能还不能感受到颜色是否准确,那么这时候就要观察整个画面,并对画面进行分析,这样也能判断出白平衡是否准确。当然,白平衡并不一定要非常准确,除了一些特别的商品摄影外,校正白平衡只是帮助我们还原真实的色彩,但有时候偏暖或偏冷的白平衡会增加画面的氛围。在大部分情况下,由相机自动校准的白平衡都是非常准确的,所以"色温"和"色调"这两个选项一般是不需要调整的。

校正白平衡

01 在Camera Raw滤镜中使用"白平衡工具" ，然后选择画面中的白色获得一个较准确的白平衡。因为一定要选择画面中的白色区域，而云朵就是白色的，所以选中天空中的云朵即可。

02 这时的画面得到了一个比较准确的白平衡，主色调已经发生了改变，不再偏向洋红。

03 因为是RAW格式图片，在"镜头校正"面板的"配置文件"选项卡中勾选"删除色差"和"启用配置文件校正"选项。

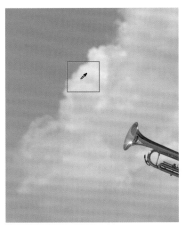

初步调整

01 校正白平衡后，曝光仍然不足，所以需要增加曝光，然后降低画面的对比度，使其更加柔和。为了让画面的色彩更加干净，还可以降低一点"饱和度"，增加"自然饱和度"。在"基本"面板中设置"曝光"为0.55，"对比度"为-28，"高光"为-100，"阴影"为33，"白色"为40，"黑色"为-8，"清晰度"为-4，"自然饱和度"为30，"饱和度"为-9。"高光"降低得非常多，是因为天空是由"高光"控制的，降低"高光"可以让天空获得更好的层次；而增加"阴影"则可以获得人物的细节；增加"白色"并降低"黑色"是防止画面过灰，而且增加"白色"还可以提亮云层中最亮的部分，从而起到为天空增加反差的作用。

02 在"HSL调整"面板中设置"色相"选项卡中的"橙色"为7，"黄色"为-4，"浅绿色"为-15，"蓝色"为-5，"紫色"为-100，"洋红"为100；在"饱和度"选项卡中设置"蓝色"为33，"紫色"为34，"洋红"为26；在"明亮度"选项卡中设置"红色"为13，"橙色"为26，"黄色"为36，"绿色"为47，"浅绿色"为43，"蓝色"为-15，"紫色"为44，"洋红"为33，这里降低"蓝色"的明度是为了让天空变得更蓝，使其与前景分离。

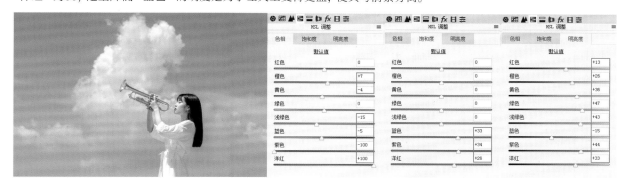

03 在"分离色调"面板中为"高光"添加一个"色相"为222的蓝色，并设置"饱和度"为25，"平衡"为-54。这时主色调的色彩倾向变得更为清晰，呈现出明亮的蓝色，已经具有日系的感觉了。

04 在"校准"面板中调整肤色，设置"红原色"选项组中的"色相"为6，"饱和度"为1；"绿原色"选项组中的"色相"为33，"饱和度"为13；"蓝原色"选项组中的"饱和度"为48。

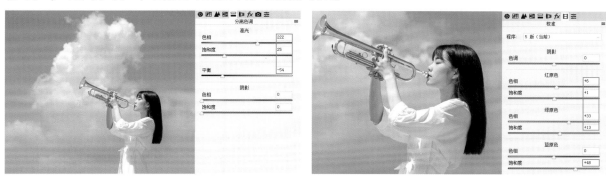

05 在"校准"的操作过程中增加了"蓝原色"的"饱和度"，从而增加了整个画面的饱和度，导致画面中的蓝色过于饱和，所以需要在"HSL调整"面板中重新调整蓝色。调整"饱和度"选项卡中的"蓝色"为-6，"紫色"为34，"洋红"为26；"明亮度"选项卡中的"蓝色"为2。

📷 为皮肤磨皮

01 返回Photoshop界面，然后复制并创建一个"磨皮：去瑕疵"图层，接着观察面部的瑕疵。使用"修补工具" ⬡ 对以下部位进行处理。

02 复制并创建一个"磨皮：去阴影块"图层，然后观察面部的阴影块。接着选择"仿制图章工具" ♣，并设置"模式"为"变亮"，"不透明度"为37%，"流量"为48%，对以下部位进行处理。

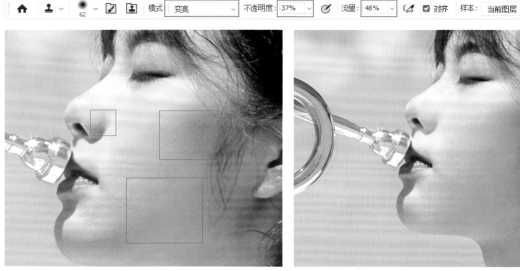

03 增加皮肤质感。复制并创建一个"中性灰"图层，按快捷键Shift+F5打开"填充"对话框，设置"内容"为"50%灰色"，单击"确定"按钮 （确定）。设置该图层的混合模式为"柔光"，该图层开始正常显示。

04 使用"画笔工具"，并设置"模式"为"正常"，"不透明度"为25%，"流量"为25%。然后用白色画笔擦"中性灰"图层中皮肤的亮部，从而提亮皮肤；用黑色画笔擦"中性灰"图层中皮肤的暗部，从而压暗皮肤中的阴影。

05 将"中性灰"图层的"不透明度"降低到47%，从而中和画面，使磨皮后的效果更加自然。

06 盖印并创建一个"磨皮：插件"图层，然后执行"滤镜>Imagenomic>Portraiture"菜单命令，进入Portraiture滤镜，接着用"吸管"吸取面部皮肤。

⬚ 精致调色

01 复制并创建一个"色彩平衡"图层，在"调整"面板中单击"色彩平衡"按钮 ⚖，在打开的"色彩平衡"面板中选择"色调"为"中间调"，设置"青色"为-18，"洋红"为-2，"黄色"为5，让画面整体呈现青蓝色。

02 盖印可见图层，并命名为"曲线"图层，然后按快捷键Ctrl+M打开"曲线"对话框，提高"中间调"，同时还原"高光"和"阴影"。

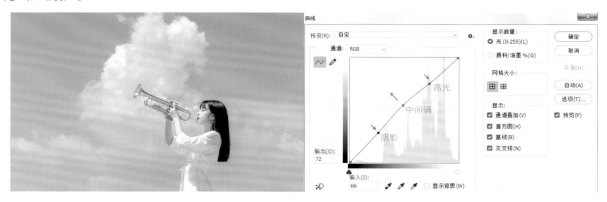

03 复制并创建一个"ACR"图层，执行"滤镜>Camera Raw滤镜"菜单命令，进入Camera Raw滤镜，在"基本"面板中设置"对比度"为13，"高光"为-38，"阴影"为17，"白色"为23，"黑色"为-7。这一步与第一次调整的差别不大，起到加深效果的作用。

04 天空的颜色还是有点重，下面对蓝色进行细微调整。在"HSL调整"面板中设置"饱和度"选项卡中的"蓝色"为-8，在"明亮度"选项卡中设置"蓝色"为-3。

05 返回Photoshop界面，复制并创建一个"可选颜色"图层，然后在"调整"面板中单击"可选颜色"按钮，在打开的"可选颜色"面板中选择"颜色"为"红色"，然后设置"青色"为13%，"洋红"为7%，"黄色"为9%，"黑色"为-40%（提高明度）；选择"颜色"为"黄色"，设置"青色"为-63%（加红色），"洋红"为-13%（加绿色），"黄色"为7%，"黑色"为-45%（提高明度）；选择"颜色"为"黑色"，设置"青色"为26%，"黄色"为-3%（加蓝色），最后盖印可见图层。

提示 拍摄这张写真时使用的是135mm定焦镜头，长焦镜头使画面的背景和前景之间的距离压缩，所以感觉云朵就在人物的旁边，其实两者相距很远。

7.2.2 夏少女

» 素材位置：素材文件 > 第 7 章 >7.2.2 夏少女
» 源文件位置：源文件 > 第 7 章 >7.2.2 夏少女
» 视频名称：7.2.2 夏少女

扫 码 看 视 频

📷 原片分析

夏季的天气炎热，植物竞相开花结果，各类食物丰富。在这样一个季节中，可以拍摄的主题很多。西瓜是日系摄影中经常见到的道具之一，这张图片是一个特写镜头，人物的眼神很打动人。原片的完成度非常高，暖暖的肤色和西瓜的红色是一组邻近色，整个画面的色调看起来十分舒服，我们只需要依照原本的色调调整即可。

📷 初步调整

01 执行"滤镜>Camera Raw滤镜"菜单命令，进入Camera Raw滤镜，在"基本"面板中设置"对比度"为10，"高光"为-79，"阴影"为83，"白色"为-41，"黑色"为13，"清晰度"为-3，"自然饱和度"为16，"饱和度"为-10，这些都是日系写真后期中比较常见的基本调整。原片的曝光是准确的，所以没有进行调整；降低了大量的"高光"，以便获得比较多的细节；因为面部是背光拍摄的，所以影调在阴影区域，这一步需要提高非常多的"阴影"。

02 在"HSL调整"面板中设置"色相"选项卡中的"绿色"为28，"蓝色"为-9；在"饱和度"选项卡中设置"绿色"为-34，"蓝色"为25；在"明亮度"选项卡中设置"绿色"为45，"蓝色"为-28。控制皮肤的颜色没有进行调整，因为这张图片的基本色调也都是由这些颜色组成的，调整这些颜色也就是在调整整个画面，因此肤色的调整一定要通过"校准"进行调整。

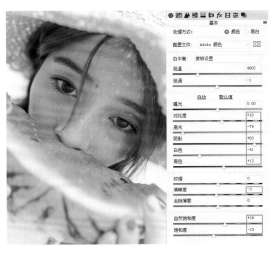
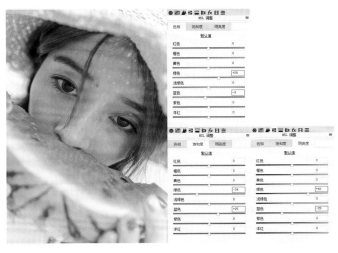

03 在"校准"面板中设置"红原色"选项组中的"色相"为5，"饱和度"为-2；"绿原色"选项组中的"色相"为9，"饱和度"为6；"蓝原色"选项组中的"饱和度"为35。

📷 修补瑕疵

01 返回Photoshop界面，然后复制并创建一个"磨皮：去瑕疵"图层。接着观察面部的瑕疵，使用"修补工具"⚙对以下部位进行处理。

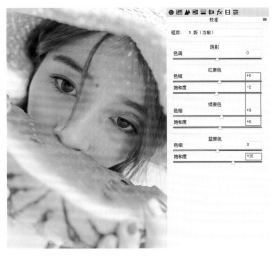
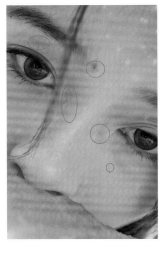

02 复制并创建一个"磨皮：去阴影块"图层，然后观察面部的阴影块，接着选择"仿制图章工具" ▲ ，并设置"模式"为"变亮"，"不透明度"为53%，"流量"为54%，对以下部位进行处理。

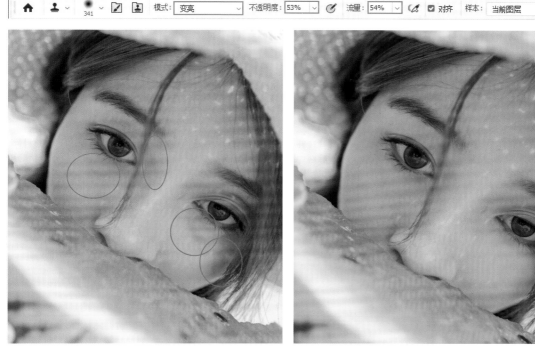

03 观察眼睛，对人物左眼的多眼皮进行调整。复制并创建一个"去多的眼皮"图层，然后使用"修补工具" ⚙ 将将多的眼皮选中，并拖到干净的皮肤中。

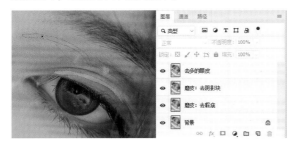

提示 要有选择地保留并去除多眼皮，除了使用"修补工具" ⚙ ，还可以使用"仿制图章工具" ▲ ，并在"变亮"模式下去除。

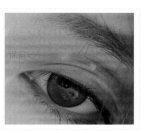

04 修饰后的多眼皮看起来比较奇怪，这是因为眼皮的宽度不对，所以要通过"液化"滤镜将眼睛调整成正常的状态，同时解决人物的大小眼问题。复制并创建一个"液化"图层，然后放大眼睛局部，使用"向前变形工具" 🔅 在眼皮区域向下推，在眼睛区域往上提，压缩上眼皮的高度。

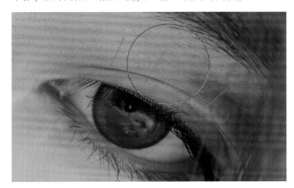

液化修形

01 使用"面部工具"♀缩小鼻子的宽度。

02 使用"向前变形工具"❻调整脸形，使脸形更圆润一些。

03 使用"向前变形工具"❻调整额头的高度，在这里调整帽子的高度即可。

调整肤色

01 复制并创建一个"肤色"图层，然后在"调整"面板中单击"可选颜色"按钮◨，在打开的"可选颜色"面板中选择"颜色"为"红色"，接着设置"青色"为-13%，"洋红"为-4%（加绿色），"黄色"为8%，"黑色"为4%（降低明度）。

02 选择"颜色"为"黄色"，然后设置"青色"为-22%（加红色），"洋红"为5%（加绿色），"黄色"为-6%（加蓝色），"黑色"为-5%（提高明度）。

03 选择"颜色"为"黑色"，然后设置"青色"为14%，"洋红"为-9%（加绿色），"黄色"为10%，"黑色"为3%。黑色的调整是很有必要的，如果不增加黑色，那么画面中就缺少深色的影调，画面容易变灰，降低"黑色"的明度，让暗的地方变得更暗。

04 选择"颜色"为"中性色"，设置"青色"为-6%（加红色），"黄色"为9%。调整"中性色"就是调整中间调，这张图的主要影调是中间调，所以降低"青色"并增加"黄色"，就像是为图片添加了一层暖色的滤镜。

05 因为"可选颜色"属于调整图层，所以我们需要盖印可见图层，再复制该图层。执行"滤镜>Camera Raw滤镜"菜单命令，进入Camera Raw滤镜，在"分离色调"面板中为"高光"添加一个"色相"为222的蓝色，并设置"饱和度"为18，"平衡"为-83。在前面设置"可选颜色"时没有调整高光部分的颜色，就是为了能在这里通过"分离色调"来调整，添加的蓝色会与黄色中和，这样画面就不会显得过于偏黄了。

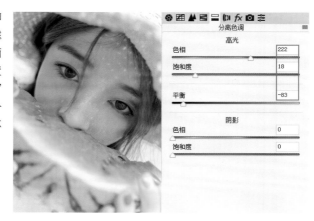

📷 插件磨皮

01 人物的皮肤非常好，但是为了呈现更好的效果，这里用磨皮插件进行磨皮。复制并创建一个"磨皮插件"图层，然后用"吸管"吸取面部皮肤。观察右侧的"蒙版预览"，由于画面的色调都接近肤色，在这种情况下磨皮很容易使得画面全都被"磨"一遍，从而降低画面的锐度，所以我们要通过蒙版来解决这个问题。

02 因为画面中大部分都被磨过了，所以添加"白蒙版"更方便一点。使用"画笔工具"，并设置"模式"为"正常"，"不透明度"和"流量"均为100%，然后用黑色画笔擦皮肤之外的地方，将环境还原到未被磨皮的状态，最后我们还可以添加文字，使其看起来具有日系海报的感觉。

7.2.3 秋少女

» 素材位置：素材文件 > 第 7 章 >7.2.3 秋少女
» 源文件位置：源文件 > 第 7 章 >7.2.3 秋少女
» 视频名称：7.2.3 秋少女

扫 码 看 视 频

原片分析

虽然秋天的背景中缺少蓝色，但是秋天给人的感觉是温暖而枯燥的，所以秋天要用枯黄的树叶来表现。这张图片给人的第一印象确实平淡无奇，与日系似乎不太搭调，但是如果将画面的曝光调整好，并将画面处理得更加干净，由暖黄的植物营造的秋日氛围就是我们想要的效果。黄色是很重要的环境色，它能够体现秋天的色彩，环境色（特别是黄绿色）的调色非常重要，因此需要将黄色的色相往橙色上偏，避免将其往绿色上偏。另外，黄色并不符合日系，所以应该降低黄色的饱和度。黄色的饱和度如果太高，容易将人物的视觉焦点抢走，这里我们仅需要体现出秋天的氛围即可。

初步调整

01 调整一个比较灰的影调。因为原片过曝，所以先将画面提亮，并让画面的层次丰富起来。执行"滤镜>Camera Raw滤镜"菜单命令，进入Camera Raw滤镜，在"基本"面板中设置"曝光"为0.70，"对比度"为-10，"高光"为-83，"阴影"为46，"白色"为-46，"黑色"为30，"清晰度"为-3，"自然饱和度"为32，"饱和度"为-17。

02 需要压一点橙色，同时增加红色的饱和度，这主要是为了加深嘴唇和领结的颜色。在"HSL调整"面板中设置"色相"选项卡中的"红色"为6，"橙色"为8；在"饱和度"选项卡中设置"红色"为8，"橙色"为-3；在"明亮度"选项卡中设置"红色"为20，"橙色"为14。

03 在"分离色调"面板中为"高光"添加一个"色相"为222的蓝色，并设置"饱和度"为33，"平衡"为-40；为"阴影"添加一个"色相"为48的黄色，设置"饱和度"为20。

🔍 **问：这张图片为什么要同时添加"高光"和"阴影"呢？**

答：因为同时添加"高光"和"阴影"的效果更好。之前说过"高光"和"阴影"不适合同时添加，否则会使画面变"脏"，但是这张图片适合这样处理，因为皮肤和天空正好属于高光部分，所以为"高光"添加蓝色是正常的操作；作为背景的植物正好处于阴影部分，为了让植物变得更黄，为"阴影"添加橙黄色也是正常的操作。由此可见，不同的图片要用不同的处理方式，只要我们能分析好画面中的色彩组成，并调整好平衡，效果自然就出来了。

04 通过"分离色调"得到大基调后，再回到"HSL调整"面板中调整环境色。设置"色相"选项卡中的"红色"为6，"橙色"为8，"黄色"为-22，"绿色"为-100；在"饱和度"选项卡中设置"红色"为8，"橙色"为-3，"黄色"为-10，"绿色"为-44，"蓝色"为-14，"紫色"为-57，"洋红"为-38；在"明亮度"选项卡中设置"红色"为20，"橙色"为24，"黄色"为58，"绿色"为73，"浅绿色"为32，"蓝色"为17，"紫色"为58，"洋红"为26。

提示 降低"紫色"和"洋红"的饱和度并提高明度是一种习惯性操作，虽然这两种颜色在画面中的占比非常小，但肯定是存在的，当我们降低了它们的饱和度并提高明度后，它们的存在感就更小了。在日系人像后期处理中，我们应该牢记颜色越少，画面就越干净。

05 在"校准"面板中继续调整肤色和环境色,将"红原色"的饱和度提高。在"校准"面板中设置"红原色"选项组中的"色相"为7,"饱和度"为13,可以提高背景的颜色;设置"绿原色"选项组中的"色相"为7,"饱和度"为-3,可以减少皮肤中的黄色;设置"蓝原色"选项组中的"饱和度"为53,可以增加画面的通透感。

06 在"色调曲线"面板中选择控制点,先减少"白点",然后略微提高"高光"和"中间调",接着提高"阴影",同时降低"黑点"。

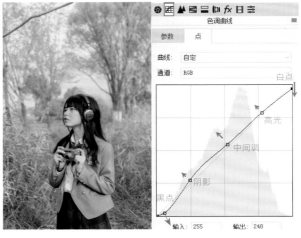

📷 为皮肤磨皮

01 返回Photoshop界面,复制并创建一个"磨皮:去瑕疵"图层,然后观察面部的瑕疵,可以看到脸上的发丝比较多,使用"修补工具"🌣对以下部位进行处理。

02 复制并创建一个"磨皮:去阴影块"图层,然后观察面部的阴影块。接着选择"仿制图章工具"🏷,并设置"模式"为"变亮","不透明度"为37%,"流量"为48%,对以下部位进行处理。

03 复制并创建一个"磨皮：插件"图层，然后执行"滤镜>Imagenomic>Portraiture"菜单命令，进入Portraiture 滤镜，接着用"吸管"吸取面部皮肤。观察"蒙版预览"，不仅人物的皮肤被磨皮，而且环境也被磨皮了，这是因为肤色和环境色非常接近，所以在自动识别的时候出现了误差，我们需要通过蒙版将磨皮后的皮肤擦出来。

04 为"磨皮：插件"图层添加黑蒙版，然后选择"画笔工具"，并设置"模式"为"正常"，"不透明度"和"流量"均为100%，接着用白色画笔擦皮肤，将隐藏的皮肤显示出来。

提示 露出来的手也需要涂抹。

液化修形

01 因为使用了蒙版，所以我们需要盖印可见图层，并重命名为"液化"图层，然后使用"向前变形工具" 缩小鼻翼。

02 使用"向前变形工具" 缩小下巴和颈部。

03 使用"面部工具" 放大眼睛。

04 使用"面部工具" 👤 缩小脸的宽度。

05 使用"向前变形工具" 🔧 调整头部的形状。

06 使用"向前变形工具" 🔧 瘦肚子。

07 脖子太长或太短都不好看,所以使用"向前变形工具" 🔧 调整脖子的高度。

📷 处理不明物

01 背景中的树枝对画面产生了不好的影响，我们需要将画面调整干净。复制并创建一个"除树枝"图层，使用"修补工具" ⊕ 框选树枝，然后按快捷键Shift+F5打开"填充"对话框，并设置"内容"为"内容识别"，单击"确定"按钮 确定。

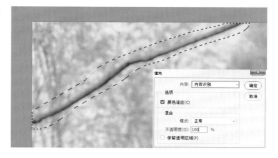

02 多余的树枝经过智能识别后，已经被自动处理，按快捷键Ctrl+D取消选区的选择。然后使用"裁剪工具" 口. 裁剪头部以上的部分空间。

📷 精致调色

01 复制并创建一个"可选颜色"图层，然后在"调整"面板中单击"可选颜色"按钮 ■，在打开的"可选颜色"面板中选择"颜色"为"红色"，设置"青色"为-16%（加红色），"洋红"为-11%（加绿色），"黄色"为11%，"黑色"为1%；选择"颜色"为"黄色"，设置"青色"为-17%（加红色），"洋红"为-7%（加绿色），"黄色"为8%，"黑色"为-16%（提高明度）；选择"颜色"为"黑色"，设置"青色"为19%，"黄色"为-2%（加蓝色）。

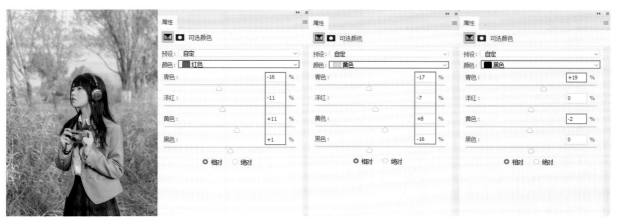

02 盖印图层并且复制出一个"曲线"图层,按快捷键Ctrl+M打开"曲线"对话框,然后提高"中间调",并还原"高光"。

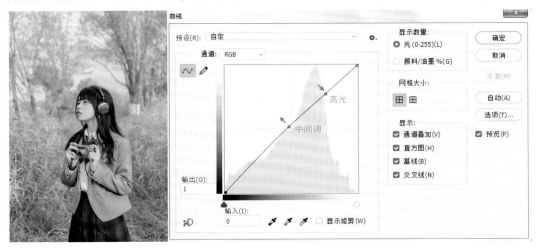

7.2.4 冬少女

» 素材位置:素材文件 > 第 7 章 >7.2.4 冬少女
» 源文件位置:源文件 > 第 7 章 >7.2.4 冬少女
» 视频名称:7.2.4 冬少女

扫 码 看 视 频

📷 原片分析

冬季的拍摄是四季中较为艰苦的。拍摄这张作品是在深冬,大雪覆盖了整座城市,雪景照的好处就是画面十分干净,而且雪地就是大自然的反光板,能让人物呈现出非常自然的面貌,因此雪景照的处理非常简单,只需要将色调调成日系即可。这张图中臃肿的羽绒服使人物显得没有那么好看,改变画面的比例会更好一些。原片的色温和色调是准确的,而且人物的皮肤十分干净,不用进行复杂的磨皮,注意处理发丝和眼泪即可。

初步调色

01 进入Camera Raw滤镜，在"基本"面板中设置"曝光"为0.30，"对比度"为-15，"高光"为-100，"阴影"为30，"白色"为-53，"黑色"为3，"清晰度"为-4。针对雪景的调色思路，高光部分可以多压一些，雪本身就是白色，压高光可以更好地呈现雪景中的层次。这里想要降低画面中的反差，所以降低"对比度"和"白色"，提高较多的"阴影"和少量的"黑色"。如果提高过多的"黑色"，那么画面的反差会过低，导致画面偏灰。

02 因为是RAW格式图片，所以需要在"镜头校正"面板的"配置文件"选项卡中勾选"删除色差"和"启用配置文件校正"选项。

问：如何判断画面偏灰？

答： 建议通过头发的颜色来判断画面是否偏灰，如果头发是黑色，那么说明画面的反差没有问题；如果头发是灰色，那么要注意画面的对比是否有问题。

03 进行简单的调色。少女的皮肤很好，肤色也是正常的，所以不需要进行过多的调整，不过我们需要增加肤色的亮度，提高控制肤色的颜色的明度。在"HSL调整"面板中设置"色相"选项卡中的"橙色"为10；在"饱和度"选项卡中设置"红色"为10，"橙色"为-6；在"明亮度"选项卡中设置"红色"为24，"橙色"为29，"黄色"为24。

提示 肤色调整完成后，观察环境中有无不干净的色彩，雪景一般是非常干净的，这就是雪景的特点，如下图所示。

04 在"分离色调"面板中为"高光"添加一个"色相"为225的蓝色,并设置"饱和度"为41,"平衡"为-77;为"阴影"添加一个"色相"为44的橙黄色,并设置"饱和度"为12。

提示 这里为环境添加基础色,但与之前所讲的有些不同,这一步同时调整"高光"和"阴影",这样做的原因是画面太干净了。在之前的教程中不让读者同时添加这两个参数的原因是担心画面不够干净,同时影调太乱,若同时调整这两个参数,调出的画面基本不会好看。另外,为"阴影"添加一个"色相"为44、"饱和度"为12的橙黄色是为了加深肤色,如果只添加蓝色的"高光",那么画面中的人和景就分不开了。但是在"高光"和"阴影"中分别添加蓝色和黄色,这两种颜色反差较大,不用担心主体人物和环境发生混淆。

📷 为皮肤磨皮

01 返回Photoshop界面,复制并创建一个"磨皮:去瑕疵"图层,使用"修补工具"⬣对以下部位进行处理。

02 使用"修补工具"⬣将皮肤上的瑕疵都去掉后,正常的流程是去掉不干净的阴影块,但是人物的皮肤非常好,所以这张图片中不需要进行该操作。复制并创建一个"磨皮:插件"图层,然后执行"滤镜>Imagenomic>Portraiture"菜单命令,进入Portraiture滤镜,接着用"吸管"吸取面部皮肤,磨皮后的皮肤非常干净。

📷 液化修形

01 复制并创建一个"液化"图层，执行"滤镜>液化"菜单命令，进入"液化"滤镜，使用"面部工具" ⍛并按住Shift 键放大两只眼睛。

02 使用"面部工具" ⍛降低额头的高度。

03 使用"向前变形工具" ⍰稍微缩小鼻翼。

04 使用"向前变形工具" ⍰调整脸形，将脸形调整得稍圆润一些。

📷 二次构图

01 返回Photoshop界面，复制并创建一个"裁图"图层，然后选择"裁剪工具" 🔲，单击鼠标右键并选择"1：1（方形）"选项。

02 调整好位置并裁图，完成1：1的构图。

📷 精致调色

01 复制并创建一个"ACR"图层，然后执行"滤镜>Camera Raw滤镜"菜单命令，进入Camera Raw滤镜，现在开始调整环境色，可以考虑将"蓝色"的色相偏青一点，并增加"蓝色"的饱和度和明度，找到一种比较好看的背景色。在"HSL调整"面板中设置"色相"选项卡中的"蓝色"为-8，在"饱和度"选项卡中设置"蓝色"为65，在"明亮度"选项卡中设置"蓝色"为19。

02 在"分离色调"面板中为"高光"添加一种"色相"为222的蓝色，然后设置"饱和度"为7，"平衡"为-34，目的是让肤色和环境色平衡。

提示 这一步是担心环境色过于偏蓝，而肤色中一点蓝色都没有，甚至还很黄，这就给人一种"假"的感觉，为肤色添加蓝色可以解决这种问题。

03 在"校准"面板中调整
肤色，将"红原色"和"绿原
色"的"色相"往右偏一些；
减少"红原色"的"饱和度"，
不让肤色太黄；增加"绿原
色"的"饱和度"，让肤色显
得红润些；增加"蓝原色"的
"饱和度"，让画面更加通透。

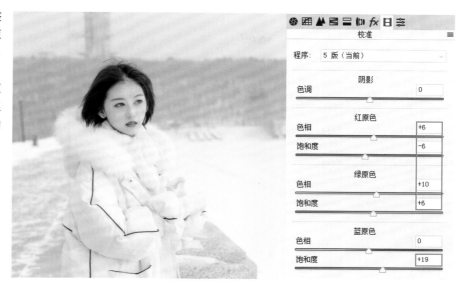

04 返回Photoshop界面，然后复制"ACR"图层，按快捷键Ctrl+M打开"曲线"对话框，创建一个提高"中间调"的曲线。

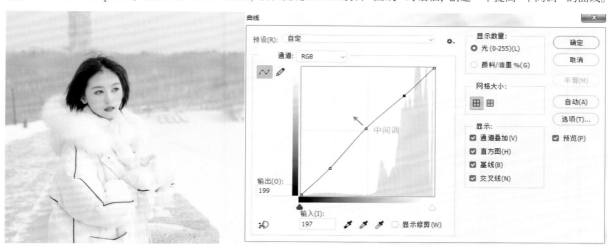

05 复制并创建一个"可选颜
色"图层，然后在"调整"面
板中单击"可选颜色"按钮，
在打开的"可选颜色"面板中
选择"颜色"为"黑色"，然后
设置"青色"为17%，"黄色"
为-7%，"黑色"为11%。

📷 补头发

01 盖印可见图层，并复制该图层。选择"仿制图章工具" 🔖，并设置"模式"为"正常"，"不透明度"为78%，"流量"为100%，画笔的"硬度"为0%，然后按住Alt键对发根处进行取样，接着涂抹头发比较少的地方。左右两边都要补一点，不用补得太多，只要效果明显即可。

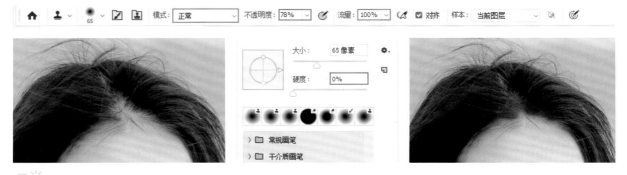

提示 画笔的"硬度"必须为0%。

02 将该图层的"不透明度"降低到73%，使填补的头发与真实的头发过渡得更加自然。

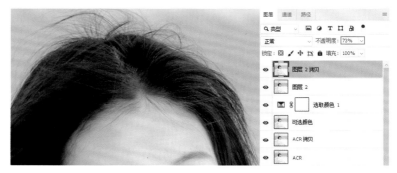

03 盖印可见图层，并复制该图层，执行"滤镜>锐化>USM锐化"菜单命令，设置"数量"为80%，"半径"为1.0像素，"阈值"为4色阶，完成后的图片是非常日系的。

第 8 章

后期综合实战之

风 格 塑 造

- 后期处理不同风格的写真
- 胶片的调色思路

掌握了修图的基本技法后，接下来我们将巩固之前所学的知识，开始学习日系人像中的后期风格是如何塑造的，帮助读者早日找到自己的创作风格。在这一章中，我将为大家完整地演示不同情景下的写真作品是如何进行后期处理的。从胶片到数码，从基础的磨皮、液化再到调色，我们不仅要熟练地运用工具，更重要的是要理解不同风格对画面效果的影响，以及学习不同风格人像的后期创作方法。

8.1 胶片系列

本章胶片系列的作品都是由胶片相机拍摄，并通过SP3000扫描仪扫描出来的成片。虽然胶片拍摄出来的效果已经很不错了，但是胶片也是需要后期处理的，只是相对于数码照来说，胶片的后期处理要简单许多。本节主要讲解3种风格胶片的调色思路。

8.1.1 校园写实

📷 原片分析

说起校园就不禁想到田径场，这是一个很适合体现少女青春感的地方。因为该片是在黄昏时段拍摄的，并运用了侧光和侧逆光，较硬的光线更容易获得空间感和立体感，因此对面部光位的处理就显得非常重要。

> **提示**　如果能找到室内田径场并选择一个合适的时间段，然后让阳光透过窗户照射进来，那么就能得到差不多的效果。

这是一张完成度比较高的作品，很多人认为这张图片不用后期处理，但是其实还有很多细节是需要调整的。拿到作品后的第一步应该先观察画面的不足，并初步处理瑕疵，如左上角缺口和右上角一束没用的光都可以通过裁剪解决。

对于胶片来说，如果选择的扫描仪的分辨率并不高，得到的图片也不会特别清晰，再加上胶片银盐颗粒的特性，皮肤不会显得很差。这张图的色彩非常简单，仅由红色和黄色组成，并且肤色和环境色接近，没有过多复杂的颜色，所以调色非常简单。

📷 原片分析

使用"裁剪工具"ㄅ.按比例将图片裁到合适大小。

📷 为皮肤磨皮

01 复制并创建一个"磨皮"图层，使用"修补工具"⚙修复皮肤。

02 观察面部的阴影块，然后选择"仿制图章工具"♟，并设置"模式"为"变亮"，"不透明度"为37%，"流量"为48%，对以下部位进行处理。

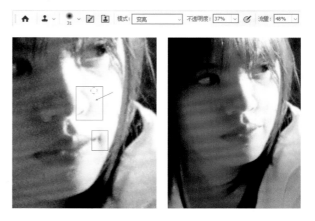

03 执行"滤镜>Imagenomic>Portraiture"菜单命令，进入Portraiture滤镜，然后用"吸管"吸取面部皮肤。

液化修形

01 复制并创建一个"液化"图层,使用"面部工具" ◯ 缩小鼻翼。

02 使用"面部工具" ◯ 将面部调整得圆润一些。

03 使用"向前变形工具" ◯ 缩小下巴。

04 使用"向前变形工具" ◯ 并调大画笔,调整头部的形状。

05 背部的线条圆润一些会更好,使用"向前变形工具" ◯ 调整背部轮廓。

📷 精致调色

01 复制并创建一个"可选颜色"图层，然后在"调整"面板中单击"可选颜色"按钮⬛，在打开的"可选颜色"面板中选择"颜色"为"红色"，并设置"青色"为-25%（加红色），"洋红"为-6%（加绿色），"黄色"为23%，"黑色"为9%（降低明度），这一步可让画面的色调看起来更加红润一些，而不是纯黄。

02 选择"颜色"为"黄色"，并设置"青色"为-33%（加红色），"洋红"为6%，"黄色"为9%，"黑色"为-8%（提高明度）。提高"黄色"的明度是重点，因为这张图片最多的颜色是黄色，所以提高"黄色"的明度可以提高人物和地面的亮度。此外在"黄色"中添加"红色"和"洋红"，是为了让黄色向橙色上偏。

03 选择"颜色"为"黑色"，并设置"青色"为-1%，"洋红"为3%，"黄色"为13%，"黑色"为3%。在之前的案例中，"黑色"都是添加"青色"，但是这里设置为-1%，因为这张图没有必要营造出对比色的感觉，纯粹的暖色更适合这张图，所以在"黑色"中添加"洋红""黄色"和"黑色"，从而降低"黑色"的明度。

8.1.2 日式复古

扫 码 看 视 频

📷 原片分析

　　日系同样也有复古风格，日系复古也是我一直在拍摄的主题。近些年的"画册风"就是典型的日系复古，模仿日本20世纪八九十年代写真画册的风格，因此具有一种浓郁的"昭和"味儿。对于大海来说，只要有一个蓝天，大海就会变得很蓝。胶卷使用的是Kodak mx400，可以看到图片的蓝色表现得特别好。因为使用了金色面反光板补光，所以人物的肤色显得特别黄，但也正是因为这样，画面整体的氛围才具有"画册感"。

📷 初步调整

01 我们需要将过曝的婚纱还原出层次和细节。执行"滤镜>Camera Raw滤镜"菜单命令，进入Camera Raw滤镜，设置"高光"和"白色"均为-100，"阴影"为82。为了营造一种复古的朦胧感，还需要设置"清晰度"为-7，"去除薄雾"为12。

提示 当"高光"和"白色"都为-100时，我们才能看到婚纱的细节，如右侧第1张图所示；提高较多的"阴影"能够提亮面部，并看到面部更多的细节，如右侧第2张图所示。

02 因为原片使用的是金色面的反光板来补光，所以人物的肤色会特别黄，需要调整肤色。在"HSL调整"面板中设置"色相"选项卡中的"橙色"为-4，在"饱和度"选项卡中设置"橙色"为-33，在"明亮度"选项卡中设置"橙色"为10。降低"橙色"的饱和度并提高明度，这样肤色才能恢复正常。

03 解决了肤色问题，还要平衡环境色，在"明亮度"选项卡中设置"蓝色"为-4。

04 在"校准"面板中设置"红原色"选项组中的"饱和度"为8，"蓝原色"选项组中的"饱和度"为18。

为皮肤磨皮

复制一个"磨皮"图层,因为是用胶片拍摄的,所以画面的颗粒非常大,使用"修补工具" 去除面部瑕疵。

液化修形

01 复制一个"液化"图层,然后执行"滤镜>液化"菜单命令,进入"液化"滤镜,使用"向前变形工具" 调整面部,调整的幅度较小,以自然为主。

02 使用"向前变形工具" 调整身体。

📷 二次构图

复制并创建一个"裁图"图层，使用"裁剪工具"￢.等比例裁剪图片。

📷 精致调色

01 复制并创建一个"可选颜色"图层，然后在"调整"面板中单击"可选颜色"按钮▨。因为整张图的环境色以青色为主，所以在打开的"可选颜色"面板中先选择"颜色"为"青色"，并设置"青色"为45%，"洋红"为10%，"黄色"为52%，"黑色"为25%。

02 选择"颜色"为"蓝色"，并设置"青色"为32%，"洋红"为28%，"黄色"为-10%（加蓝色），"黑色"为-9%，将画面中的蓝色向青色上调整。

03 金色面反光板让少女的牙齿和眼睛都变黄了，复制并创建一个"ACR"图层，对偏黄的牙齿和眼睛进行调整。我们先调出一个正确的牙齿和眼睛的颜色，执行"滤镜>Camera Raw滤镜"菜单命令，进入Camera Raw滤镜，在"HSL调整"面板中设置"饱和度"选项卡中的"橙色"为-58%，"黄色"为-100%；在"明亮度"选项卡中设置"黄色"为20%。

04 返回Photoshop界面，为调整的"ACR"图层添加"黑蒙版"，然后选择"画笔工具"，并设置"模式"为"正常"，"不透明度"为61%，"流量"为100%，用白色画笔涂抹牙齿，注意不要涂抹到牙齿以外的地方。

05 用白色画笔涂抹眼睛，注意不要涂抹到眼睛之外的地方，最后将该图层的"不透明度"降低到70%。

8.1.3 中式复古

» 素材位置：素材文件 > 第 8 章 >8.1.3 中式复古
» 源文件位置：源文件 > 第 8 章 >8.1.3 中式复古
» 视频名称：8.1.3 中式复古

扫 码 看 视 频

📷 原片分析

这张图片是以电影《庐山恋》为故事背景拍摄的，取景地也选择在观音桥，这里同样想创作出复古的感觉，因此选择的上衣和裙子都是"古着"装。如果之前的"昭和"风是日式复古，那么这张图片便是中式复古。选择这张图片就是想让大家学习调色，颜色的处理对画面的加分作用很大，虽然这张图片是胶片，但是调色前后的差别还是很大的。

> **提示** "古着"是指具有年代的"旧衣服"，因为保存得好且具有年代感，拍摄写真和复古照都是非常好的选择，显然比网购的爆款服装更适合拍照。

📷 为皮肤磨皮

01 复制并创建一个"磨皮"图层，仔细观察面部的瑕疵，使用"修补工具" 🔘 对以下部位进行处理。

02 复制并创建一个"磨皮插件"图层,然后执行"滤镜>Imagenomic>Portraiture"菜单命令,进入Portraiture滤镜,接着用"吸管"吸取面部皮肤。

03 通过磨皮插件处理的皮肤稍稍有点过,导致胶片独有的颗粒质感不太容易看出。将该图层的"不透明度"降低到80%,从而中和画面。

📷 精致调色

01 复制并创建一个"可选颜色"图层,继续对肤色进行调整。在"调整"面板中单击"可选颜色"按钮▣,在打开的"可选颜色"面板中选择"颜色"为"红色",设置"青色"为-9%(加红色),"洋红"为9%,"黄色"为9%,"黑色"为-11%;选择"颜色"为"黄色",设置"青色"为-3%,"洋红"为4%,"黄色"为3%,"黑色"为11%。

02 下面开始调整环境色。由于影响环境色最多的颜色是绿色,因此这是需要重点调整的地方。要想将这张图片处理为复古风格,一般会将绿色调成偏冷的绿色,所以选择"颜色"为"绿色",并设置"青色"为100%,"洋红"为46%,"黄色"为-38%(加蓝色),"黑色"为-36%。

提示 因为原片人物的肤色偏黄,在"红色"和"黄色"中都增加"洋红",可以让皮肤更红润。

提示 在"绿色"中增加100%的"青色",可将绿色调成偏青色的冷绿色,如果偏黄色就成暖绿色了。

03 将画面的主色调都处理成冷色调，因此调整青色和调整绿色同样重要。选择"颜色"为"青色"，并设置"青色"为62%，"洋红"为15%，"黄色"为-25%（加蓝色），"黑色"为-49%。

04 开始调整蓝色，蓝色有大部分来自裙子，这也是占比较大的环境色。为了让画面的色调看起来更统一，要使蓝色向青色上偏，从而与背景（冷色系的树叶）搭配更加协调。选择"颜色"为"蓝色"，并设置"青色"为73%，"洋红"为-28%，"黄色"为28%，"黑色"为28%。

05 画面中控制"白色"的部分是桥的护栏和衣服的受光面，我们需要为"白色"添加暖色调。如果一张图片里全都是冷色调或暖色调，那么很容易使画面显得单调。选择"颜色"为"白色"，并设置"青色"为-22%（加红色），"洋红"为15%，"黄色"为71%，"黑色"为-6%。这时我们会发现人物的轮廓线更加明显，并且有一种受到光照的感觉，仿佛添加了柔光效果，这一步对氛围的影响非常大。

06 "中性色"在这张图中的作用与Camera Raw滤镜中的"阴影"一样，所以我们不用通过它来调色，只需要减少一点黑色（就像提高阴影区，增加中间调的明度），增加画面的层次即可。选择"颜色"为"中性色"，并设置"黑色"为-6%。

07 选择"颜色"为"黑色"，并设置"青色"为10%，"黑色"为6%（降低明度），这样就有一点老电影的感觉了。

📷 液化修形

01 盖印可见图层，并重命名为"液化"，然后执行"滤镜>液化"菜单命令，进入"液化"滤镜，使用"向前变形工具" 🔧 将面部调整得圆润一些。

02 使用"向前变形工具" 🔧 瘦肚子。

8.2 服饰系列

日系风格的种类多样，本节将以服饰作为特色来讲解不同服饰在不同风格下的后期处理方法。由于本书大部分是以JK制服作为主要展示的服装，所以这一节会讲解本书中很少出现却在日系风格中非常常见的3款服饰在不同风格下的后期处理思路。

8.2.1 甜美系 Lolita

» 素材位置：素材文件 > 第 8 章 >8.2.1 甜美系 Lolita
» 源文件位置：源文件 > 第 8 章 >8.2.1 甜美系 Lolita
» 视频名称：8.2.1 甜美系 Lolita

扫码看视频

📷 **原片分析**

Lolita（洛丽塔）是近年来非常流行的一种服装穿搭风格，越来越多的少女喜欢洛丽塔，洛丽塔也逐渐被越来越多的人所接受。相比于简约的日常穿搭，洛丽塔显得格外隆重，从服装、裙撑到发型、发饰都会精心准备，这种"充分的准备"对于拍摄来说无疑是件好事。原片是佳能EOS RP直出的JPEG格式图片，曝光非常准确，所以我们并不需要过度地调整影调，也不用担心作品本身宽容度不够而使成片失真。

为皮肤磨皮

01 复制并创建一个"磨皮"图层，仔细观察面部的瑕疵，使用"修补工具"⚙对以下部位进行处理。

02 下嘴唇存在比较严重的反光，一般去除面部反光的方法是使用"仿制图章工具"🖌，然后设置"模式"为"变暗"，"不透明度"为37%，"流量"为48%，接着对上嘴唇的颜色进行采样，并涂抹下嘴唇。

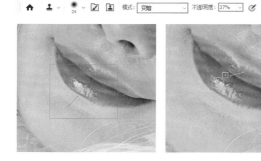

03 复制并创建一个"磨皮插件"图层，然后执行"滤镜>Imagenomic>Portraiture"菜单命令，进入Portraiture滤镜，接着用"吸管"吸取面部皮肤。

二次构图

　　复制并创建一个"裁图"图层。因为前期拍摄的时候使用的是35mm的定焦，所以构图斜得有一点过，使用"裁剪工具"🔲按照逆时针方向旋转画框。裁图后的效果也是斜构图，但是倾斜角度没有之前那么夸张。

精致调色

01 复制并创建一个"Camera Raw"图层，执行"滤镜>Camera Raw滤镜"菜单命令，进入Camera Raw滤镜，在"基本"面板中设置"曝光"为0.15，"对比度"为-11，"高光"为-78，"阴影"为80，"白色"为-19，"黑色"为41，"清晰度"为5，"自然饱和度"为12，"饱和度"为-9，这样可以得到一个反差较小、层次较丰富的画面，画面的影调偏高调，整体曝光比之前要高许多。

02 在"HSL调整"面板中调整肤色和环境色。设置"色相"选项卡中的"黄色"为-6，"绿色"为54，"浅绿色"为34，"蓝色"为-11，"紫色"为-76，"洋红"为53；在"饱和度"选项卡中设置"红色"为26，"橙色"为13，"黄色"为11，"绿色"为-62，"浅绿色"为-15，"蓝色"为23；在"明亮度"选项卡中设置"红色"为-9，"橙色"为15，"黄色"为32，"绿色"为-56，"蓝色"为-10，"紫色"为39，"洋红"为38，这时画面的色调更加统一，背景更加干净。

提示 由于人物的肤色并不是单纯的黄色，脸上还化了比较复杂的妆，妆容的颜色受到"红色""橙色""黄色"的影响，因此需要提高这3种颜色的饱和度，提高肤色的亮度，同时减少"红色"的明度，让腮红和口红的颜色更重。在环境色的调整上，主要是对草地的颜色进行调整，使绿色偏冷一点，降低"绿色"的饱和度和明度。如果提高"绿色"的明度，那么背景和人物的明度都会提高，背景和人物就无法分离了。因为洛丽塔经常会佩戴假发，所以头发的颜色与我们平常所见的不同，这时要格外注意，人物佩戴的金发是由"黄色"控制的，所以这里提高"黄色"的明度，体现头发的质感，否则"假发"就会显得更"假"。

03 在"分离色调"面板中为"高光"添加一个"色相"为222的蓝色，为"阴影"添加一个"色相"为44的橙黄色。

04 在"色调曲线"面板中，创建一个提高"高光"和"中间调"的曲线，并降低"阴影"。

05 在"校准"面板中设置"红原色"选项组中的"色相"为3，"饱和度"为-11；"绿原色"选项组中的"色相"为3，"饱和度"为12；"蓝原色"选项组中的"饱和度"为29。

06 这时衣服的颜色出现问题，应该是在调整环境色时将蓝色和青色的饱和度调得太高，而明度调得太低造成的，但是为了将天空的颜色处理干净，我们必须这么做。返回Photoshop界面，在"调整"面板中单击"色相/饱和度"按钮，在打开的"色相/饱和度"面板中用"吸管"选中出现问题的颜色，这时"色相/饱和度"显示的是"青色"，然后设置"青色"的"饱和度"为-71，"明度"为31。

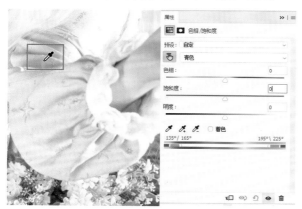

07 因为"色相/饱和度"是调整图层，所以按快捷键Ctrl+I进行反相，将"白蒙版"切换为"黑蒙版"，然后用白色画笔涂抹袖子上的蓝色部分。

液化修形

01 盖印可见图层，并重命名为"液化"，然后执行"滤镜>液化"菜单命令，进入"液化"滤镜，使用"向前变形工具"缩小鼻翼、下巴，并放大眼睛。

02 假发容易显"头"高，使用"向前变形工具"调整头部。

03 使用"向前变形工具"瘦肚子。

8.2.2 暗黑系 Lolita

» 素材位置：素材文件 > 第 8 章 >8.2.2 暗黑系 Lolita
» 源文件位置：源文件 > 第 8 章 >8.2.2 暗黑系 Lolita
» 视频名称：8.2.2 暗黑系 Lolita

扫 码 看 视 频

📷 原片分析

洛丽塔裙子其实是有很多种类的，一般有甜美、古典和哥特三大类型。上一节内容属于甜美偏古典的裙子，那么这一节就是洛丽塔哥特类型中的暗黑风。这两种风格很不一样，需要营造的氛围也不一样。我们之前所修的大部分作品都是日系高调片，然而暗黑风一定是低调的，所以不能按照之前的修图思路一味地去提高曝光和影调。这张图片本身就是曝光准确的低调片，所以我们不需要调整曝光。由于原片的对比度过高，导致看不清面部，需要降低较多的对比度来让画面的影调更柔和一点。

📷 初步调整

01 复制并创建一个"ACR"图层，然后执行"滤镜>Camera Raw滤镜"菜单命令，进入Camera Raw滤镜，在"基本"面板中设置"对比度"为-68，"高光"为-18，"阴影"为-18，"白色"为42，"黑色"为34，"清晰度"为6，"自然饱和度"为30，"饱和度"为-16。"白色"控制天空的白斑，"黑色"控制裙子和竹林，这两个参数都需要提高。另外，因为暗黑风一般都是低饱和的效果，所以需要降低较多的"饱和度"，提高"自然饱和度"。

02 在"色调曲线"面板中创建一个"倒S"曲线来增加暗部细节，即提高"中间调"，还原"高光"。

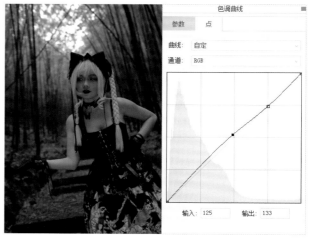

03 在"HSL调整"面板中设置"色相"选项卡中的"橙色"为2，"黄色"为-13，"绿色"为66，"浅绿色"为-50，"蓝色"为-21，"紫色"为-100，"洋红"为-43；在"饱和度"选项卡中设置"橙色"为-8，"黄色"为51，"绿色"为-41；在"明亮度"选项卡中设置"橙色"为57，"黄色"为-100，"绿色"为-100，"蓝色"为100，"紫色"为13，"洋红"为1，这时图片的色调开始向青色上偏。

提示 将"黄色"和"绿色"的明度都调到最低，如果这两个参数是高明度，那么这张图片就不像暗黑风格了。但是"橙色"的明度需要调高，因为即使是暗黑风格，肤色也不应该太黑。

04 在"分离色调"面板中为"阴影"添加一个"色相"为230的蓝色，并设置"饱和度"为36，"平衡"为88。

05 在"校准"面板中调整肤色，设置"红原色"选项组中的"色相"为15，"饱和度"为-21；"绿原色"选项组中的"色相"为39，"饱和度"为18；"蓝原色"选项组中的"饱和度"为37。

为皮肤磨皮

01 返回Photoshop界面，复制并创建一个"磨皮"图层。面部是比较干净的，观察皮肤的瑕疵，使用"修补工具"
进行简单的修补。

02 复制并创建一个"磨皮插件"图层，然后执行"滤镜>Imagenomic>Portraiture"菜单命令，进入Portraiture滤镜，接着用"吸管"吸取面部皮肤。这里与往常设置的参数不同，平常都是使用默认的预设，这里需要设置"预设"为"平滑：中等"。为洛丽塔人像磨皮可以比日常磨皮磨得稍重一些，这样可以让人物有"娃娃"的感觉，但是也不能太重，否则皮肤会变成"塑料皮"。

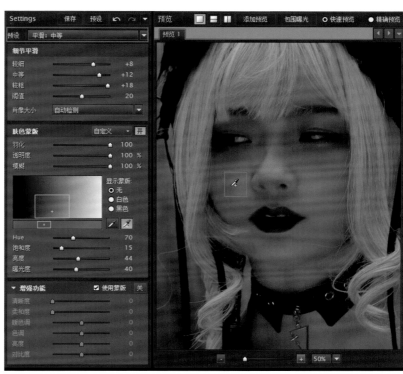

液化修形

01 复制并创建一个"液化"图层，依旧需要注意假发，使用"向前变形工具" 将头顶处的假发向下调整，然后将脸形调得圆润一些，最后压肩。

02 使用"向前变形工具" 瘦手臂和瘦腰。

📷 精致调色

01 复制并创建一个"曲线"图层，按快捷键Ctrl+M打开"曲线"对话框，然后选择控制点，降低"高光"，提高从"阴影"到"中间调"部分的曲线，最后再提高"黑点"。

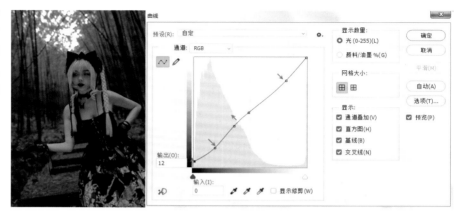

02 复制并创建一个"可选颜色"图层，在"调整"面板中单击"可选颜色"按钮 ，在打开的"可选颜色"面板中选择"颜色"为"红色"，并设置"青色"为-1%，"洋红"为8%，"黄色"为12%，"黑色"为2%。

03 选择"颜色"为"黄色"，并设置"青色"为-100%（加红色），"洋红"为-90%（加绿色），"黄色"为-100%（加蓝色），"黑色"为-37%（提高明度）。

04 选择"颜色"为"绿色"，并设置"青色"为43%，"洋红"为50%，"黄色"为-66%（加蓝色），"黑色"为62%（降低明度）。

05 选择"颜色"为"青色"，并设置"青色"为54%，"洋红"为37%，"黄色"为4%，"黑色"为-22%（提高明度）。

06 "蓝色"主要是针对裙子的颜色进行调整，需要将裙子的图案体现出来。选择"颜色"为"蓝色"，并设置"青色"为-96%，"洋红"为17%，"黄色"为36%，"黑色"为-71%（提高明度）。

07 中间调不能调整得太过，否则颜色会偏得太严重，为图片稍微增加一点青色、洋红和黄色即可。选择"颜色"为"中性色"，并设置"青色"为2%，"洋红"为3%，"黄色"为3%，"黑色"为-4%。

提示 我们可以从直方图中看到暗黑风格的影调，这是一个典型的"低调"。

8.2.3 小清新浴衣

- » 素材位置：素材文件 > 第 8 章 > 8.2.3 小清新浴衣
- » 源文件位置：源文件 > 第 8 章 > 8.2.3 小清新浴衣
- » 视频名称：8.2.3 小清新浴衣

扫 码 看 视 频

Before

After

📷 原片分析

　　这是一张在长江边拍摄的浴衣照，浴衣与和服还是有些区别的，但是丝毫不影响我们将其处理为日系风格。这张图片在前期拍摄的过程中故意降低了曝光，所以仍然需要通过Camera Raw滤镜进行初步的调整，还原天空的层次和服装的质感，调整完成后的图片得到了一个比较不错的效果，但还远远不够。先从人物的面部开始观察，除了需要磨皮和液化外，还需要调整头发、碎发和眼睛。因为拍摄时在江边，而且当时的风有些大，所以头发非常凌乱。或许正是因为有风的帮助，为静态的画面增加了动态的成分，使整个画面不那么单调，但看着不太舒服的地方还是需要修整的，如下图所示。另外，人物的着装部分没有太大的问题，只需稍加调整即可。

　　这张图片的背景是不干净的，主要问题是水平线倾斜，以及人物身后出现了蓝色不明物，如下图所示。背景可以先不着急处理，先调整主体。

📷 初步调色

　　在"基本"面板中设置"曝光"为1.50，"对比度"为-15，"高光"为-100，"阴影"为50，"白色"为20，"黑色"为-10。经过初步的调整后，图片可以获得一个较好的效果，这里的"好"是指图片得到更丰富的层次和更加准确的曝光。

📷 补头发

01 返回Photoshop界面，复制并创建一个"补头发"图层，然后选择"仿制图章工具"🖈，并设置"模式"为"正常"，"不透明度"为70%，"流量"为80%。接着按住Alt键对左侧的头发进行采样，采样后将画笔调整到合适的大小（能将头发一次性补完比较合适），调整完成后将画笔放在画面中需要补头发的位置的最上端，沿着虚线方向补头发。

提示　注意，用画笔涂抹时不要松开鼠标左键，最好一笔完成。

02 完成第一笔后，设置"模式"为"变暗"，并将"不透明度"和"流量"都降低到30%，再根据第一笔的轨迹重复操作一遍，头发的明度与左边的头发较为接近，接着将该图层的"不透明度"降低到85%。

📷 为皮肤磨皮

01 在处理皮肤之前，先将图片转换为网图宣传格式，图片的颜色也会随之变淡，尤其是肤色的变化比较明显。

问：如何转换为网图宣传格式？

答： 在磨皮和调色之前，有一点需要注意，RAW格式的图片在输出时系统会默认为RGB模式，但是网图宣传只支持sRGB模式。它们的区别较大，这也是我们上传网络后发现图片偏色的原因。为了避免这个麻烦，在调色和磨皮之前将"色彩空间"转换成sRGB模式。虽然此时的图片颜色变淡，但是并不影响后面的调色环节。执行"编辑>指定配置文件"菜单命令，在打开的"指定配置文件"对话框中勾选"工作中的RGB（W）"选项即可。

02 盖印可见图层，再复制该图层，使用"污点修复画笔工具" 🖌 或"修补工具" 🩹 将皮肤大致处理干净。选择"修补工具" 🩹，圈中需要去掉的杂质，并将其拖曳到干净的皮肤上。重复该操作，把脸上所有的脏东西去掉，让皮肤看起来更干净。

提示 只要有新图层的创建，我们就要复制这个图层，养成这个习惯能少走很多弯路。

03 按照同样的方式处理脸上的小碎发。

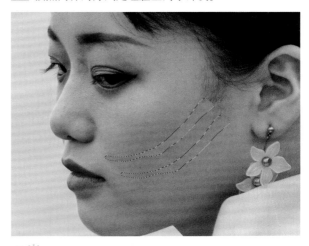

提示 我在处理脸上的碎发时，更擅长使用"污点修复画笔工具" 🖌，但可以按照个人的习惯来处理，觉得使用什么工具顺手就使用什么工具。

04 不仅需要修饰皮肤的瑕疵，还要按照同样的方法修饰衣服上的瑕疵。

05 增加皮肤质感。按快捷键Shift+Ctrl+Alt+N新建一个空白图层，然后按快捷键Shift+F5打开"填充"对话框，接着设置"内容"为"50%灰色"，单击"确定"按钮 (确定)。

06 将图层的混合模式设置为"柔光"，然后选择"画笔工具" ✐，并设置"模式"为"正常"，"不透明度"为15%，"流量"为30%，这个数值是比较舒服的数值，读者也可以选择自己喜欢的数值，但是应该遵循"宁小勿大"的原则。使用"画笔工具" ✐修饰人物面部的高光和阴影，从而增强面部的立体感，使用白色画笔提亮皮肤的高光，使用黑色画笔压暗皮肤的阴影。使用"中性灰"图层后，如果觉得擦拭得有些过，那么可以通过降低该图层的"不透明度"来达到中和的效果，完成后再盖印图层。

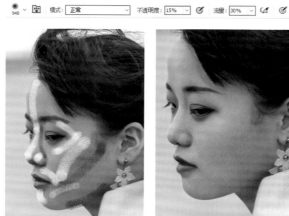

07 增强了面部的立体感后，部分皮肤有黑白噪点和肤色不均匀等情况，这个时候磨皮插件就起到非常大的作用。执行"滤镜>Imagenomic>Portraiture"菜单命令，进入Portraiture滤镜，然后用"吸管"吸取面部皮肤，这时我们可以得到一个非常不错的皮肤。

📷 液化修形

01 复制并创建一个"液化"图层，然后执行"滤镜>液化"菜单命令，进入"液化"滤镜，使用"向前变形工具" ✍，带箭头的红线表示液化的方向，弯曲的线可以理解为液化画笔的大小。在侧脸或3/4侧脸的人像图片中，提下巴、推脖子是必不可少的液化操作。在这里将额头的位置往右下方推，并将刘海补上来，然后根据右边的两个箭头的方向来调整侧脸和头部的大小。

提示 尽量遵循"三庭五眼"的比例液化，注意不能失去人物原本的外貌特征。

02 身材的液化相对简单，使用"向前变形工具" ❣降低右肩的高度，用一个大画笔将腰往里推，再提高臀部。

03 背景的水平线不平，这里正好通过液化工具将水平线拉平，使用"向前变形工具" ❣将右半边往下推，将左半边往上提。

📷 处理眼部

01 用"修补工具" ❣处理眼部多余的纹理。

02 选择"仿制图章工具" ❣，并设置"模式"为"变亮"，"不透明度"和"流量"均为100%，接着按住Alt键的同时在眼皮上面的皮肤处取样，并根据眼皮的轮廓画一条线，从而减淡一些阴影。

03 执行"滤镜>Camera Raw滤镜"菜单命令，进入Camera Raw滤镜，然后使用"调整画笔"工具，并设置"曝光"为0.50，"对比度"为31，"高光"为-10，"阴影"为34，"白色"为29，"黑色"为-8，"清晰度"为26，"饱和度"为-9，"大小"为14，"羽化"为95，"流动"为50，调整数值后再画眼睛。

提示 记得勾选"调整画笔"中的"自动蒙版"选项，如果觉得眼睛不太自然，那么可以将该图层的"不透明度"降低一点。

大小	30
羽化	100
流动	50
浓度	100

☑ 自动蒙版

范围遮罩： 无

📷 处理不明物

01 复制并创建一个"干净背景"图层，然后使用"修补工具"⚙圈出左侧的不明物体。

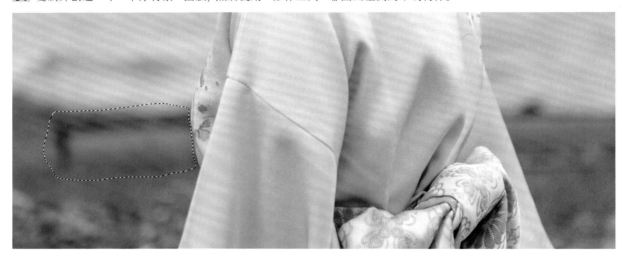

02 按快捷键Shift+F5打开"填充"对话框，并设置"内容"为"内容识别"，右侧的不明物体也用同样的方法进行处理。因为这两个不明物体与衣服距离很近，所以通过"内容识别"肯定有误差，接下来就需要使用"修补工具"⚙和"仿制图章工具"♣进行调整。

03 使用"仿制图章工具"♣仔细地处理衣服边缘处。"仿制图章工具"♣处理后出现画面脏乱等问题，这时需要用"修补工具"⚙来弥补，将不自然的部分处理好。

> **提示** 使用"仿制图章工具"♣时，降低"不透明度""流量"和画笔的"硬度"，离衣服越近，画笔的"硬度"就越高。

📷 精致调色

01 复制并创建一个"可选颜色"图层,在"调整"面板中单击"可选颜色"按钮▣,在打开的"可选颜色"面板中选择"颜色"为"红色",设置"青色"为-63%,"洋红"为-8%,"黄色"为39%,"黑色"为-29%;选择"颜色"为"黄色",设置"青色"为63%,"洋红"为-18%,"黄色"为40%,"黑色"为-50%。

提示 控制肤色的颜色主要是红色和黄色,大部分肤色的调整都可以用上面列举的方式,具体的数值根据图片的内容而定,但是大体可以总结为"减青、减洋红、加黄、减黑"。

02 复制并创建一个"ACR"图层,然后执行"滤镜>Camera Raw滤镜"菜单命令,进入Camera Raw滤镜,在"基本"面板中设置"曝光"为0.40,"对比度"为6,"高光"为-28,"白色"为14,"黑色"为-10。

03 为了让肤色更加统一,往往需要将红色往黄色和绿色上偏。在"校准"面板中设置"红原色"选项组中的"色相"为11,"饱和度"为-3;"绿原色"选项组中的"色相"为-9,"饱和度"为-3;"蓝原色"选项组中的"饱和度"为19。

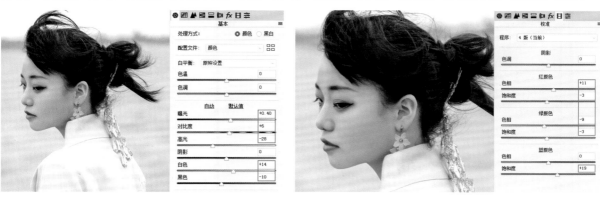

04 在"HSL调整"面板中,红色和橙色同样能控制肤色,降低橙色的饱和度能让皮肤更加通透和白皙,因此在"饱和度"选项卡中设置"红色"为8,"橙色"为-3;在"明亮度"选项卡中设置"红色"为13,"橙色"为20。

05 经过上述调整，肤色已经处理得差不多了，下面开始调整环境色，这里只通过"分离色调"来调整。设置"色相"为230，"饱和度"为48，这时图片整体偏蓝，其中还包括本不应该呈蓝色的皮肤，这样的效果非常难看。

06 调色确定后使用"白蒙版"，并用黑色画笔把皮肤擦出来，此时需要为擦拭皮肤的画笔降低"不透明度"，这个数值不能是100%，应为80%~90%。因为环境色和肤色需要相互交融，使整体的色调看起来更加自然，所以处理皮肤和环境的边界时一定要小心，并一点一点地调整，同时画笔尽可能小一点。

07 调整好肤色与环境色后，画面仍然有些不自然，这时需要在"HSL调整"面板中设置"色相"选项卡中的"浅绿色"为18，"蓝色"为-4；在"饱和度"选项卡中设置"橙色"为-3，"绿色"为-17，"蓝色"为-1；在"明亮度"选项卡中设置"橙色"为9，"绿色"为13，"蓝色"为6。

08 在"细节"面板中设置"锐化"中的"数量"为68，"半径"为1.0，"细节"为25，"蒙版"为80。

制作

一本日系写真集

第 9 章

- 如何制作自己的写真集
- 日系写真集的排版方法
- 日系写真集的留白处理

写真逐渐受到越来越多年轻人的喜爱，不少人表达了想要制作一本写真集的愿望，本章主要对日系写真作品的排版技法进行讲解，让读者可以用单幅图片制作封面和海报，并体验制作写真集的乐趣。对于人像图片，我认为保持画面的干净和整洁是首要的，人像图片不像风景图片，它的画面重点在人物，如果无缘无故为人像图片添加文字，那么就容易喧宾夺主。添加文字只是排版中的其中一项，排版的技巧非常多，需要在实际操作中慢慢领会。

9.1 什么是写真集

写真集是指由数张拍摄的图片编辑而成的印刷品。随着数码技术的发展，也有收录于CD或以其他电子媒体为载体的写真集。

9.1.1 写真集的价值

写真集不仅可供人欣赏，还具有收藏价值。现在非常容易买到写真集，除了由专业摄影师拍摄并制作的写真集，常见的还有明星的写真集，我们也可以制作个人写真集。不会花费太多时间和精力，送给亲朋好友也是十分有意义的。

📷 我喜欢的写真集

无论用什么类型的电子设备查看图片，色差的问题总会困扰着我们。我曾在一家中古书店购买了一套已经在网上看过很多遍的写真集，但是实体书与网上宣传的作品在颜色上有着很大的差别。

实体书　　　　　　　　　　　　　　　网上宣传

当然，色差并不是最大的问题，我之所以坚持收集纸质写真集，是因为阅读纸质版所带来的感受远比通过屏幕观看要深刻得多。我们不仅能从视觉上感受到人物的美，更能通过触觉（即纸张的纹理）获得情感上的愉悦，这是一种真切的感受。纸质版的写真集还具有收藏价值，一些写真集甚至价值不菲，可见在人们的心目中美好的事物始终是有价值的。在东京的一家中古书店，经常能看见还没开门就去排队的人，我在里面挑了几个小时，买到了一些很喜欢的写真集。下图这些都是停产的写真集，只能在专门的中古书店才能淘到。

提示 未购买的写真集是不能翻开阅读的，它们都被塑封膜包裹着。

📷 我自己的写真集

写真集原本是由专业的摄影师制作的，随着智能手机等性能的提升，我们也能轻松地制作一本属于自己的写真集。我也制作过几本写真集，制作的目的很简单，就是与朋友们分享，并未出版或出售过。对大部分人来说，能够拥有一本属于自己的写真集，是一件非常有纪念意义的事。我自己制作的写真集比较复杂，是以"精装"为标准制作的，除了封面和封底，还制作了腰封，封面也选用硬壳进行包装，如下图所示。

立体效果

硬壳封面

包装封面

平面

包装封条

9.1.2 写真集与印刷

个人制作写真集的流程并不复杂，因为我们制作的并不是严格意义上的杂志，所以不需要使用专业的排版软件来制作，下面仍然使用Photoshop进行讲解。

制作尺寸

我们制作的是印刷品，而印刷品在实际的印刷中有着严格的标准，需要注意画布的尺寸，不是任意设置的，建议读者先找到能够印刷少量写真集的印刷厂，待联系好厂家后，让厂家决定我们需要制作的画布尺寸。拿到尺寸后开始新建文件，在下图右侧的信息中我们可以自定义画布的"宽度"和"高度"，尺寸的单位一般是"厘米"或"毫米"，"分辨率"为300像素/英寸，"方向"为"横幅"，"颜色模式"一定要设置为打印专用的"CMYK颜色"，而不是我们日常修图所用的"RGB颜色"。

提示　"方向"必须为"横幅"，因为一张纸一共有4张图，即一个面各有两张图，一面就是我们日常说的书的哪一面，单位为P。

辅助工具

设置好文档后，我们需要通过参考线来辅助排版，一般将其作为页面中的中线。按快捷键Ctrl+R显示标尺，然后将鼠标指针放到左边的标尺，按住鼠标左键并向右拖曳，即可拉出一条参考线（线的颜色可以调整），通过Photoshop的智能识别功能可快速找到中间位置。

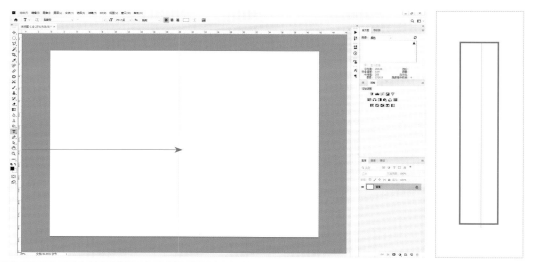

提示　如果想单独清除某一条或者几条参考线，那么可以在选中参考线之后，将参考线拖回刻度尺；当参考线影响预览，但是又不能将其清除时，可以按快捷键Ctrl+H将参考线暂时隐藏。

📷 制作书脊

书是有厚度的，中间有一块宽度是书脊，如下图所示。而之前创建的中线参考线只是告诉我们这页纸的中间位置，打印和输出时不会显示。

如果制作的是封面，那么就要设计好书脊的宽度，然后添加需要的内容，如下图所示。在制作书中的内容时，不要将重要的内容放进书脊范围内。

📷 制作内容

写真集的制作不会太复杂，只涉及一些简单的排版知识。由于其中的内容基本是图片，因此我们只需要将图片放到每一页上排列即可，偶有一些文字，大多是简短的介绍，如右图所示。

一张图片总有侧重点，一组图片总有共性和特点，因此内容的编排也是有方法的，同一色调、同一类别的图片尽量放在一个对页。此外，还可以进行裁图或拼图处理，这样可以丰富画面的层次，如下图所示。

我制作的每一本写真集都会有一个主题，如一本写真集的主题是四季，那么会为春、夏、秋、冬各设置一个分隔页，然后对相应的内容分类，并分别放在这4个主题中，如下图所示。

每一页内容在制作完成后都要保存，并按照顺序进行命名，避免出现漏页、漏排的现象。

32-33.jpg

34-35.jpg

36-37.jpg

40-41.jpg

42-43.jpg

44-45.jpg

9.2 写真集排版

排版既可以在单幅图片上进行编辑，又可以对多张图片进行排列组合，Photoshop并不是专业的排版软件，但是仍能胜任写真集的排版工作。

9.2.1 添加文字

图文是排版中常见的形式，为一张图片配上一段简短的文字，不仅能丰富视觉效果，还能表达此刻的心情。

◎ 横排文字工具

- 工具介绍：添加横排的文字（快捷键为T）。
- 重要指数：★★★★★
- 操作方式：单击并添加文字内容或拖曳出段落框并添加文字内容。
- 应用场景：排版、字体设计。

在工具箱中单击"横排文字工具"按钮 T，在添加文字的地方单击后，这时鼠标指针变成插入符号，可以直接输入想要的文字。"直排文字工具" IT 也是同样的使用方法。

区域文字是大量横排或直排的文本，用于制作大段文字。选择"横排文字工具" T 或"直排文字工具" IT，然后在画面中绘制一个段落框，这个段落框就是输入文字的范围，如下图所示。

你的所有文字内容只能在你"画"的框内显示，如果字数超过框的大小就会被隐藏。

问：如何在杂乱的背景中添加文字？

答： 在杂乱的背景下，文字就可能不太引人注目了，我们可以在色块上添加文字，如下面左图所示。如果这个色块过于生硬或沉闷，那么可以降低这个色块的不透明度，让文字和图片的联系更紧密，如下面右图所示。

📷 设置字符格式

在"横排文字工具"的选项栏中，单击"切换字符和段落面板"按钮▤，即可打开"字符"面板，我们一般需要设置字体的大小、样式和行距等内容。

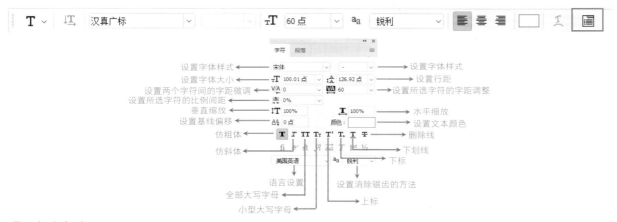

📷 文字颜色

将文字输入到图片中，然后在"字符"面板中选择颜色，打开"拾色器"对话框后就可以通过吸管吸取画面中的颜色。

问：给字体添加颜色，添加什么颜色好？

答： 为了使文字和图片的融合度更高，建议读者在图片中找一种颜色，即找到主体（人物）中重要颜色的组成部分，如这张图中的主要颜色是青色和蓝色，但是图中有很多青色，也有很多蓝色，那么我们一定要选择其中具有代表性的颜色。头盔的颜色就是一类具有代表性的颜色，所以我们可以用吸管吸取头盔上的颜色。

在明度较高的背景下，吸取的颜色显示得不清楚，如右侧第一张图所示。那么就保持色相不变，降低颜色的明度（在"拾色器"中纵向控制颜色的明度）即可，如右侧第2张图所示。

9.2.2　配置线条

◆　**工具介绍：** 绘制直线（快捷键为 U）。
◆　**重要指数：** ★★★
◆　**操作方式：** 拖曳操作。
◆　**应用场景：** 突出图片中的文字。

"直线工具"／是形状工具，将样式设置为"形状"时我们才能绘制线条。直线与色块一样，都能起到丰富画面视觉效果的作用，但是在日系写真集的排版中用直线比用色块更适合。如下图所示，为文字添加线条后，效果好看了许多。

提示　复制图层可以创建更多的直线。按快捷键Ctrl+T可以对文字进行变换，也可以改变直线的长短和位置。

9.2.3　体现日语

日语在日系写真的文字排版中非常常用，我们在排版时加入日语有以下3点好处。

第1点，由于大部分人看不懂日语，所以大家并不关心添加了什么内容，这个文案代表了什么意思，如"あなたは分かりません"，翻译过来就是"你不明白"的意思，但是我们只需要看到这段文字，明白这是日系风格就可以了。

第2点，对日系类图片来说，日语能够起到锦上添花的作用，而对一些日系风格不怎么明显的图片来说，则会使整体的风格更加偏向日系。

第3点，可塑性强。日文相对来说比较简洁，更契合主题，也更容易结合其他元素来设计版面。

在制作海报或封面时，如果有好的文案，，那么在日语中添加一些中文有助于理解这张图片所要表达的含义，也能增加与观者的亲近感。

9.2.4　平衡画面

平衡画面可使版面简洁、条理清晰，有助于读者阅读。在排版时，通常可以使用裁图和添加文字的方法来实现。

📷 什么是平衡感

平衡是一种美感，是画面中的主体（人物）与画面中的陪体（物、景或后期添加的文字等）之间形成的平衡感。简单来说，就是画面的重心在整个画面中是否稳定。下面列举一些平衡画面的方法。

①左右平衡。如右图所示，主体在中线上，小号的长度和走势与头发刚好能平衡。如果向左或向右偏移得太多，那么画面就会失衡。此外，上下平衡也是同样的道理。

提示 在人物朝向的一侧留白比背对着人物那一侧留白要好看得多，如右图所示。人物朝向一侧留白的面积与人物是相对平衡的关系。留白是一种构图手法，只要能确定重心的位置，我们就可以根据留白的位置裁图。

②对角线平衡。如右侧第1张图所示，左上角的树与右下角的人形成了一种平衡感，两者缺一不可。

③对称式平衡。它与左右平衡有些相似，但是表现的是两种元素间的平衡关系，使元素具有平衡、稳定和相呼应的特点，如右侧第2张图所示。

📷 图文平衡

给图片添加文字就是在为图片做加法。文字的位置、大小、颜色和样式都会影响画面的平衡和观赏性。如果画面已经平衡，那么添加的文字需要继续保持画面的平衡；如果画面本来就不平衡，那么就需要通过文字使其平衡。如右图所示，将文字放在右下角，与左上角的房子呈现对角线平衡，蓝色文字与环境色协调，因为文字是放在明度非常高的地面处，所以使用的字体颜色需要深一点，这样既不会影响画面原本的平衡，同时又能清楚地看到文字的内容。

案例：为写真添加文字

» 素材位置：素材文件 > 第 9 章 > 案例：为写真添加文字
» 源文件位置：源文件 > 第 9 章 > 案例：为写真添加文字

📷 原片分析

如下图所示，这张图片很有动感，并且因为透视关系，地面上的符号在整个画面中具有明显的指向性。我们可以考虑根据符号的指向添加文字，加深画面的动感。

📷 操作步骤

01 使用工具箱中的"横排文字工具" T，然后输入"あなたは分かりません"（你不明白）。

02 如果文字的大小不合适，不一定非要改变字体的大小，可以按快捷键Ctrl+T对文字进行变换，拉动角点放大文字。

03 在变换模式下，还可以旋转这句话，将其放在与"白线"平行的空白位置。

04 单击鼠标右键并选择"栅格化文字"选项，将文字图层转换为普通图层。按快捷键Ctrl+T对文字进行变换，然后按住Alt键并拖曳角点，这里拉左侧的上下两个点，让这句话产生透视效果，此时的文字会变得更有立体感。

文字图层 文字图层是一种特殊图层，它具有文字的特性，即可以对文字大小、字体等随时进行修改，但无法对文字图层应用滤镜、色彩调整等命令，这时需要先通过栅格化文字操作将文字图层转换为普通图层。当文字的内容和大小确定后，栅格化后的文字内容就不能再更改了。

05 如果觉得文字的立体感还不够，那么还可以为其添加投影。双击文字所在图层，在打开的"图层样式"对话框中勾选"投影"选项，然后设置"混合模式"为"正片叠底"，"不透明度"为21%，"角度"为31度，"距离"为19像素，"扩展"为74%，"大小"为5像素。

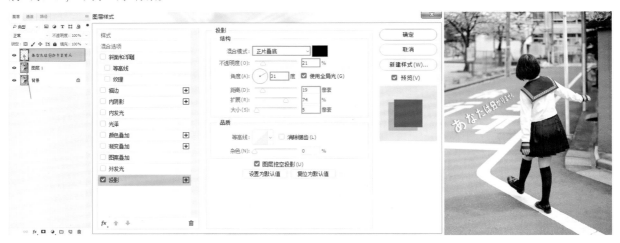

提示 投影的角度和位置应该与人物的光影是一致的，太阳是平行光，所以在一张图中不可能出现两个光源。日系的文字排版非常简洁，达到效果即可，至于其他效果读者可以多多尝试。

9.3 留白

　　留白是艺术创作中常用的一种手法，是指为使画面更协调而有意留下的空白，使画面具有想象的空间。日系图是非常喜欢留白的，对于大部分日系图来说，留白适用于任何一种构图，对画面有很大的加分作用，尤其体现在前期的人像拍摄和后期的排版中。

9.3.1　构图留白

　　留白一般是指拍摄期间用到的构图技巧，这类图相对来说是很有"重量感"的，我们可以将这样的图不加处理地作为写真集中的一页。

📷 大面积留白

　　下面是一组在不同景别下的留白人像图，可以发现留白的画面并不是真的白色，而是一片"干净"的天空。可见留白是对某一大面积"空白"的化用，以"空白"为载体进而渲染出美的意境。一般留白天空、水面和雪地等看起来干净的画面，且通常是作为背景。

提示　除了在拍摄的过程中通过留白构图外，在二次构图时我们仍能使用这个思路填充一些干净的画面，这种制作方法可以通过Photoshop中的"内容识别"来实现，延展了相关画面后，再通过"仿制图章工具"👤或"修补工具"🩹调整。

📷 想象力留白

　　想象力留白是以"减"的方式留白，如下面这张图，有大部分画面不能看到，但是丝毫不影响我们产生一些心理活动，这种夸张的手法更能加深人的印象，在视觉上产生冲击力。

9.3.2　画布留白

　　画布留白是真正意义上的添加一块与画面没有任何联系的空间，这既指单纯地留出一条边，又指在留白部分写上文案，借此表达观点。当然，无论使用哪种方法，留白的本意始终没有发生变化，我们仍然只是希望画面不要过"满"，而是留有可供人想象的空间。

　　相比于人像类图片，风景纪实类图片不太能与观者产生互动。下面我们为这张非人像类图片制作留白，看看留白后的效果是怎样的。

提示 通过画布留白，可在构图和颜色上改变画面的视觉重心。虽然我们添加的是一块与画面没有联系的空间，但是在视觉上已经做出了改变。

　　先复制两个图层，然后执行"图像>画布大小"菜单命令。右侧第1张图是原本的画布尺寸大小，这个时候的画布大小就是图片的大小，增加"高度"或"宽度"都能增加画布的大小。

提示 "高度"可以随意设置，但是要坚持"宁大勿小"的原则。因为参数设置得过大，我们只需要裁图即可，但是如果参数设置小了，那么后期可能还需设置一次，显然这一步操作是可以避免的。

画布的多余部分将自动填充颜色，如下图所示。按快捷键Shift+F5，在打开的"填充"对话框中设置"内容"为"白色"，单击"确定"按钮，然后将填充的白色图层放在复制的图片图层的下面。

将图片移动到画布的顶端，画面底部就全部留白了，再添加文字即可。

配上红字仨加大字间距会更好看

提示 在留白处添加文字，并加大字距，这样画面会更好看。

附录

📷 硬件与配件

在学习Photoshop这款软件之前，我们有必要认识相关的硬件和配件，并根据实际情况选择合适的配置。

计算机配置

低端配置清单	
操作系统	Windows 10 64 位
CPU	核心配置4核i3或同级AMD（i3 9100）
显卡	至少3GB显存的NVIDIA卡或ATI卡（GBX 1660）
内存	8GB
显示器	分辨率1920×1080真彩色显示器
磁盘空间	20GB
浏览器	Microsoft Internet Explorer 7.0
网络	连接状态

性价比配置清单	
操作系统	Windows 10 64 位
CPU类型	核心配置6核i5或同级AMD（i5 9400）
显卡	至少6GB显存的NVIDIA卡或ATI卡（GBX 2060）
内存	16GB
显示器	分辨率1920×1080真彩色显示器
磁盘空间	30GB
浏览器	Microsoft Internet Explorer 7.0及以上
网络	连接状态

高端配置清单	
操作系统	Windows 10 64 位
CPU类型	核心配置8核i7或同级AMD（i7 9700）
显卡	至少8GB显存的NVIDIA卡或ATI卡（GBX 2080）
内存	32GB
显示器	分辨率1920×1080真彩色显示器
磁盘空间	30GB
浏览器	Microsoft Internet Explorer 7.0及以上
网络	连接状态

其他硬件

鼠标和键盘没有一定的要求，按照个人的喜好配置即可。除此之外，在处理一些比较复杂的图片时，往往还需要通过手绘板（也称数位板，包括数位屏）来代替鼠标进行涂抹和绘画。当然，这并不是必须配备的硬件，我们应该根据自己的习惯来选择。

笔记本

俗话说，温故而知新。很多知识点或许写下来多记一遍会更牢固，因此建议大家准备一个笔记本记录重点知识，帮助巩固和加深记忆。

📷 如何进行批量处理

专业的修图师通常会使用Lightroom软件进行批量处理。Lightroom是批量处理图片和调色的好帮手，其实Lightroom中的大部分功能在Photoshop的Camera Raw滤镜中都有。在批量处理上，虽然Lightroom要方便不少，但是对初学者来说，使用Camera Raw滤镜进行批量处理更容易掌握。在Photoshop中有两种方法可以批量处理RAW格式图片，一是同时调整，二是将调整后的参数存储为预设。

同时调整

按照Photoshop的默认设置，在打开一张RAW格式图片的同时，会自动打开Photoshop并进入Camera Raw滤镜中。如果同时打开多张RAW格式图片，那么就会在Photoshop中依次打开这些图片，只有在选择打开了图片后才会显示到下一张RAW格式的图片。这种操作模式有些麻烦，我们可以设置一些内容简化操作步骤。

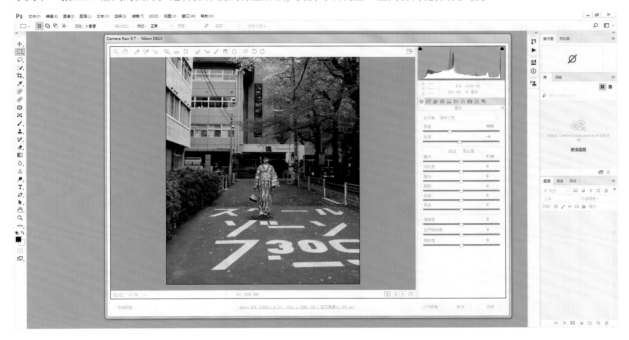

执行"编辑>首选项>常规"菜单命令，打开"首选项"对话框，勾选"自动更新打开的文档"选项，其他选项不勾选。

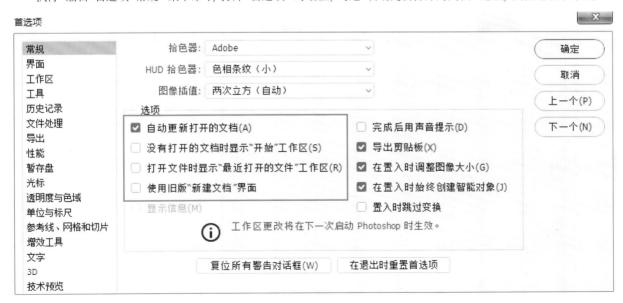

将多张RAW格式的图片同时导入Photoshop，左侧多出一栏名称为Filmstrip的区域，其中显示了导入的所有RAW格式图片的缩略图，可以任选一张导入的RAW格式图片进行调整。

在对图片进行调整后，缩略图的右上角会出现一个黄色的提示符号。

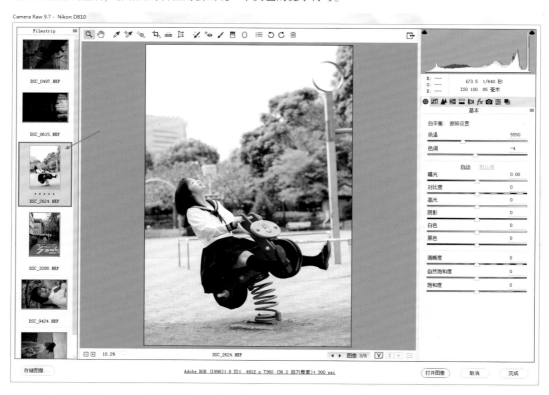

按Shift键并选择DSC_0497.NEF和DSC_0615.NEF图片，然后调整其中一张图片的曝光，这时被选中的两张图片均出现了黄色的提示符号，说明两张图片都调整了曝光。

当然，我们还可以在Filmstrip区域选择更多图片。若同时选中所有图片后调整曝光，那么所有图片都会出现黄色的提示符号，所有图片的曝光也都一并进行了调整。

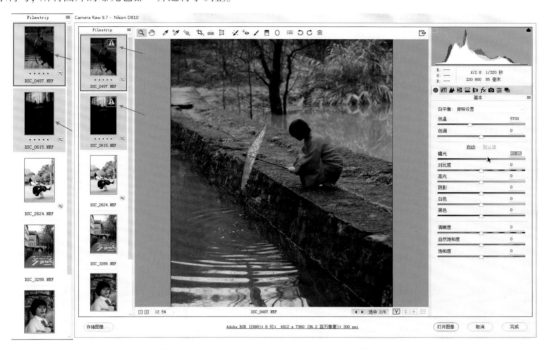

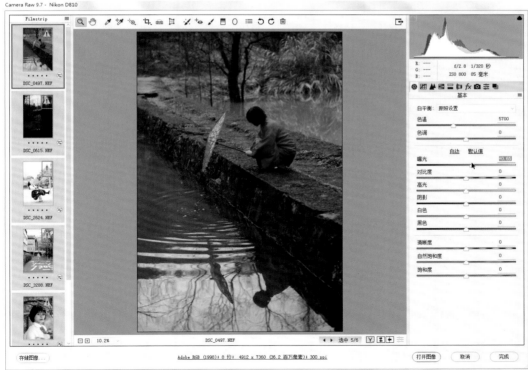

提示　在同时处理图片时，一定要选择曝光和影调接近的图片，只有影调接近的图片才能同时调整。

Camera Raw预设

　　使用预设是建立在我们会调色的基础上，如果直接在网上下载别人的预设，不一定确保它能适用于自己的图片。我建议初学者不要使用预设，预设的作用是方便批量处理，节省工作量和时间，而不是成为代替学习的工具，所以预设需要经过自己的设置才是靠谱的，那么Camera Raw滤镜如何设置预设呢？

　　下面是两张调整前后的对比图，需要调整的所有参数如下所示。由于预设只能存储Camera Raw滤镜中的数据，因此我们要尽可能多地调整。

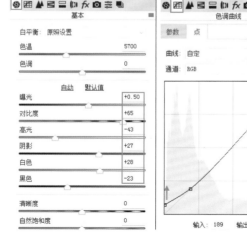

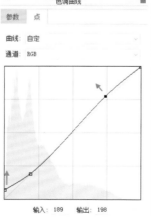

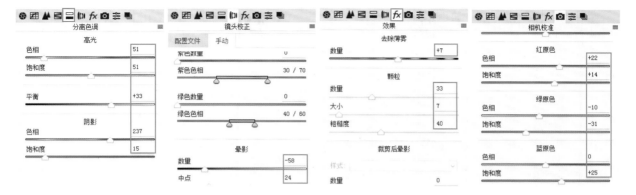

在Camera Raw滤镜中切换到"预设"选项卡，因为我们之前没有加载过任何预设，所以这里是空的，单击 ≡ 按钮并选择"存储设置"选项。

在打开的"存储设置"对话框中默认所有设置，然后单击"存储"按钮（存储…），将其保存即可。

这时存储的预设就加载到"预设"选项卡中了。选择需要批量处理的图片，然后单击"预设"面板中的"1"，即可对其应用预设的参数。虽然套用的参数不一定与所需的效果完全吻合，但是在风格相似的条件下，我们可以在此基础上进行适当的调整。

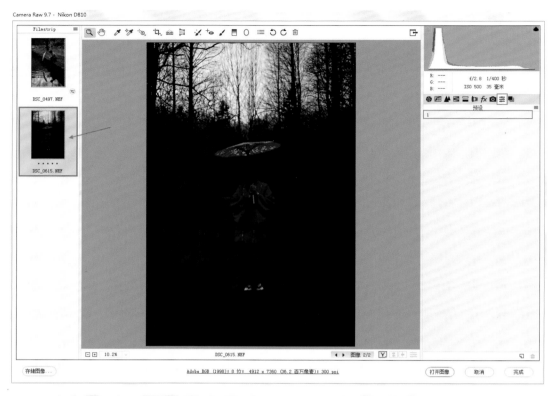

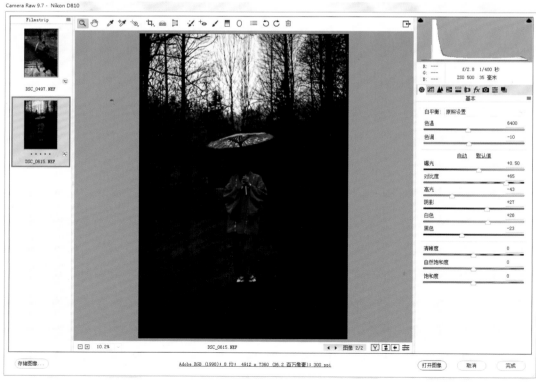